本书主要在教育部人文社会科学研究项目（12YJC790216）最终研究成果基础上补充整理完成，并受到天津财经大学优秀青年学者资助计划的资助。

徐志伟 ◎ 著

基于地区与产业双重维度的
京津冀区域水资源优化研究

Optimization of Water Resources in Jing-Jin-Ji Region

U0324610

经济管理出版社
ECONOMY & MANAGEMENT PUBLISHING HOUSE

图书在版编目（CIP）数据

　　基于地区与产业双重维度的京津冀区域水资源优化研究/徐志伟著 . —北京：经济管理出版社，2016.10
　　ISBN 978 - 7 - 5096 - 4643 - 4

　　Ⅰ. ①基…　　Ⅱ. ①徐…　　Ⅲ. ①水资源管理—研究—华北地区　　Ⅳ. ①TV213.4

　　中国版本图书馆 CIP 数据核字（2016）第 235755 号

组稿编辑：杨雅琳
责任编辑：杨雅琳
责任印制：黄章平
责任校对：雨　千

出版发行：经济管理出版社
　　　　　（北京市海淀区北蜂窝 8 号中雅大厦 A 座 11 层　100038）
网　　　址：www. E - mp. com. cn
电　　　话：（010）51915602
印　　　刷：北京九州迅驰传媒文化有限公司
经　　　销：新华书店
开　　　本：720mm×1000mm/16
印　　　张：12.75
字　　　数：215 千字
版　　　次：2016 年 10 月第 1 版　　2016 年 10 月第 1 次印刷
书　　　号：ISBN 978 - 7 - 5096 - 4643 - 4
定　　　价：48.00 元

序　言

　　2014 年 2 月，习近平总书记在北京主持召开座谈会，专题听取京津冀协同发展工作汇报时强调："京津冀协同发展意义重大，对这个问题的认识要上升到国家战略层面。"对于京津冀协同发展工作，习近平总书记提出 7 点具体要求。其中，"着力扩大环境容量生态空间，加强生态环境保护合作"作为京津冀协同发展工作的重要组成部分被特别强调。京津冀既是我国经济最为发达、人口最为稠密的地区，又是水资源稀缺性表现得最为明显的地区，水资源与经济社会发展之间的矛盾严重制约了京津冀地区的进一步发展。在总量难以显著增加的情况下，只有以资源要素空间统筹规划利用为主线，将水资源在京津冀地区内部的不同地区和不同产业之间进行合理的优化配置，才能有效地解决当前所面临的问题。

　　本书在对水资源优化的相关概念进行界定和相关理论进行梳理的基础上，对京津冀地区产业结构和水资源利用现状进行了深入探析，并借此运用灰色关联方法对京津冀地区三次产业发展与水资源耗用量之间的相关关系进行了实证研究。在此基础上，建立了由经济发展、资源集约和环境保护三重目标组成的多目标决策模型，并对京津冀地区 2020 年的 GDP 总量、产业结构、生产用水资源总量及结构、废水排放总量及结构、粮食产出水平及水资源粮食产出效率等进行了预测，从而确定了京津冀地区水资源优化模型的主要参数，通过赋予目标函数不同的权重，将多目标决策转化成为了单目标决策问题，对模型进行了求解。之后，本书引入了"浙江东阳—义乌水权交易案例"和"河北四库调水案例"两个案例，从市场主导和行政主导两个角度分析了保证水资源优化方案在现实层面有效实施的先决条件和基本经验。最终，基于前述研究结果，本书提出了保证水资源优化方案得以有效实施的保障机制。

本书依托 2012 年教育部人文社科基金青年项目——"基于地区与产业双重维度的京津冀地区水资源优化研究"（12YJC790216）的研究报告，经过补充和完善撰写而成，该项目已于 2015 年 5 月顺利结项，相关研究报告已经提交海河水利委员会等相关部门决策参考。笔者也寄期望于本书能够为解决京津冀地区社会经济发展与水资源稀缺之间的矛盾，实现区域经济的可持续发展贡献绵薄之力。

目　　录

基于地区与产业双重维度的京津冀区域水资源优化研究

第一章 绪 论

第一节 研究背景

京津冀地区覆盖北京、天津和河北两市一省，总面积约 21.6 万平方公里，约占全国国土面积的 2.25%。2014 年末，京津冀地区总人口为 11053 万人，约占全国人口的 8.08%，拥有北京、天津、唐山、石家庄、邯郸和保定 6 座人口超百万的特大型城市。京津冀地区地处环渤海经济圈腹地，与长江三角洲和珠江三角洲并称为我国经济增长的地区"三极"。2014 年，京津冀地区生产总值为 66478.91 亿元，约占当年全国 GDP 的 10.45%。其中，第一产业产值为 3806.35 亿元，约占全国的 6.52%；第二产业产值为 27289.5 亿元，约占全国的 10.04%；第三产业产值为 35383.06 亿元，约占全国的 11.56%。

与此同时，京津冀地区也是我国水资源最为短缺的地区之一。如表 1 – 1 所示，就水资源总量而言，2014 年在纳入统计范围的 31 个省、自治区、直辖市中，北京市排名第 29 位，天津市排名第 30 位，河北省排名第 27 位；就人均水资源占有量而言，北京市排名第 30 位，天津市排名最后一名，河北省排名第 29 位。京津冀地区整体人均水资源占有量为 125.12 立方米，仅为全国平均水平的

6.26%、世界平均水平的1.50%。不论是从总量角度还是人均角度，京津冀地区水资源短缺程度不仅远远严重低于水资源相对丰富的西南、中南地区诸省，也严重于经济发达程度和人口密集程度相似的长江三角洲和珠江三角洲地区。因此，水资源短缺问题已经成为制约京津冀地区经济和社会发展的关键性问题之一。

表1-1　2014年中国各省、自治区、直辖市人均水资源量排行表

排名	地区	水资源总量（亿立方米）	人均水资源量（立方米）
1	西藏	4416.3	140200
2	青海	793.9	13675.5
3	海南	383.5	4266
4	广西	1990.9	4203.3
5	云南	1726.6	3673.3
6	江西	1631.8	3600.6
7	贵州	1213.1	3461.1
8	福建	1219.6	3218
9	新疆	726.9	3186.9
10	四川	2557.7	3148.5
11	湖南	1799.4	2680.1
12	黑龙江	944.3	2463.1
13	重庆	642.6	2155.9
14	内蒙古	537.8	2149.9
15	浙江	1132.1	2057.3
16	广东	1718.4	1608.4
17	湖北	914.3	1574.3
18	安徽	778.5	1285.4
19	吉林	306	1112.2
20	陕西	351.6	932.8
21	甘肃	198.4	767
22	江苏	399.3	502.3
23	辽宁	145.9	332.4

续表

排名	地区	水资源总量（亿立方米）	人均水资源量（立方米）
24	山西	111	305.1
25	河南	283.4	300.7
26	上海	47.1	194.8
27	宁夏	10.1	153
28	山东	148.4	152.1
29	河北	106.2	144.3
30	北京	20.3	95.1
31	天津	11.4	76.1

资料来源：根据《中国统计年鉴》（2015）整理而得。

问题的解决之策，一方面通过南水北调、引黄工程等提高区域水资源的增量供给；另一方面通过对本区域水资源在不同地区、不同产业间进行优化，提升水资源使用效率。相对而言，后一种方案更具水资源利用的可持续性。其原因主要有以下几方面：

首先，京津冀周边区域和水系的水资源短缺日益严重。从行政区划角度看，京津冀地区与辽宁、内蒙古、山西、河南、山东五省份相邻，而上述五省份也属于水资源相对短缺地区。以表1-1数据为例，2014年，辽宁、内蒙古、山西、河南、山东五省水资源总量在全国31个省份中分别排名第25位、第17位、第26位、第22位和第24位，人均水资源占有量分别排名第23位、第14位、第24位、第25位和第28位。即使人均占有量最高的内蒙古，水资源也主要集中在其东北部的呼伦贝尔、兴安盟地区和西部的河套地区，与京津冀地区邻近的赤峰、锡林郭勒、乌兰察布地区属于半干旱地区，水资源短缺较京津冀地区更为严重。从水系角度看，京津冀地区地处海河水系，北与辽河水系相邻，南与黄河水系相近。如表1-2所示，2014年，黄河流域水资源总量为653.7亿立方米，辽河流域水资源总量239.7亿立方米，在我国纳入统计的10大水系中排名第8位和第9位，仅略高于排名最末一位的海河水系。因此，基于京津冀周边地区和水系水资源短缺日益严重的现实，在既定水资源约束条件下研究区域水资源在不同地区与产业之间的优化问题，更符合水资源集约利用的原则，也更有助于水资源短缺问题的长效解决。

表1-2 2014年各水资源一级区水资源量

水资源一级区	降水量（mm）	地表水资源量（亿立方米）	地下水资源量（亿立方米）	地下水与地表水资源不重复量（亿立方米）	水资源总量（亿立方米）
全国	622.3	26263.9	7745.0	1003.0	27266.9
北方六区	316.9	3810.8	2302.5	847.7	4658.5
南方四区	1205.3	22453.1	5442.5	155.3	22608.4
松花江区	511.9	1405.5	486.3	207.9	1613.5
辽河区	425.5	167.0	161.8	72.7	239.7
海河区	427.4	98.0	184.5	118.3	216.2
黄河区	487.4	539.0	378.4	114.7	653.7
淮河区	784.0	510.1	355.9	237.9	748.0
长江区	1100.6	10020.3	2542.1	130.0	10150.3
东南诸河区	1779.1	2212.4	520.9	9.8	2222.2
珠江区	1567.1	4770.9	1092.6	15.5	4786.4
西南诸河区	1036.8	5449.5	1286.9	0.0	5449.5
西北诸河区	155.8	1091.1	735.6	96.3	1187.4

资料来源：根据《2014年中国水资源公报》整理而得。

其次，水资源的区域内部优化更有利于节约成本。通过区外水资源调入方式固然可以在一定程度上缓解京津冀地区水资源短缺的困局，但工程本身的投资规模十分巨大。例如，作为我国跨区域调配水、缓解北方水资源严重短缺的战略性基础设施工程——南水北调仅"十一五"期间相关投资就为1405亿元，基本建成后的总投资估算为4860亿元。此外，工程本身还涉及移民、水土保持、长江流域生态保护和航运安全等诸多经济、社会和环境问题，其建成后的经济效益尚存较大争议。京津冀地区均处于海河流域，流域内部水资源在不同地区间的调配更有利于节约建设成本。20 世纪 80 年代初期建成的全长 234 公里的引滦入津工程向天津市安全输水 28 年，取得了很好的经济和社会效益。因此，基于区域内部的水资源优化与调配更有利于建设成本的节约。

再次，水资源内部优化有利于提高水资源利用效率。单纯依赖水资源的外部增量供给不利于京津冀地区水资源用户进行技术革新，不利于提高水资源利用效率。事实上，虽然京津冀地区水资源总量和人均占有量在全国排名靠后，但是水资源利用效率却在全国居于前列。其中，2014 年北京市万元 GDP 用水量为 17.58 立方米，天津市为 15.32 立方米、河北省为 65.53 立方米。同期，地处长江三角洲地区的上海市万元 GDP 用水量为 44.93 立方米，江苏省为 90.84 立方米；地处珠江三角洲的广东省万元 GDP 用水量为 65.26 立方米。此外，当年京津冀地区整体的万元 GDP 用水量为 38.27 立方米，仅为全国平均值——95.81 立方米的 39.94%。上述数据从侧面说明，在水资源短缺的大背景下，京津冀地区更多依靠水资源的地区与产业优化，反而可能促进水资源利用效率的提高。

最后，水资源优化为加强区域合作提供契机。与长江三角洲和珠江三角洲地区相比较，京津冀地区一体化程度相对较低。其原因主要在于，区域内部的行政区经济分散化大于一体化，分割强于依存，排斥多于合作。通过京津冀地区水资源地区层面的优化，可以间接形成北京市、天津市和河北省三省、市水资源的协商机制和合作机制，以京津冀协同发展上升为国家战略为契机，为加强区域合作提供良好示范。同时，京津冀三省、市之间产业结构的差异性，也可以为水资源在各地区产业层面的优化提供便利。

基于以上分析，本书将针对京津冀地区经济、社会发展与水资源短缺矛盾，在水资源约束日益增强的背景下，通过建立兼顾经济发展、资源集约、环境保护的多目标决策模型，求解地区与产业双向维度的水资源优化方案，最终从政府和市场两个角度提出水资源优化的保障机制。此处需要进一步阐明的是，经济系统本身十分复杂，其运行结果受到多重可预知或不可预知因素的影响，因此任何研究都是建立在相当假设基础之上的。由于经济系统本身的不可预知性，京津冀地区水资源优化结果可能会在相当程度上与最终的实际结果存在差异。但是，这也并不能否认优化模型本身存在的现实意义。虽然，优化结果也许并不能提供一个十分精确的水资源分配方案，但至少可以给出一个水资源在地区与产业之间分配的大致轮廓。这些对于相关部门进行科学决策，提早进行政策安排，也是非常有意义的。

第二节 概念界定

一、水资源优化相关概念的界定

1. 水资源

由于水资源类型繁多、用途广泛，并且存在形式经常转化，基于不同视角、用途和研究领域，水资源被赋予不同的定义。

《大不列颠百科全书》将水资源定义为自然界一切形态（气态、液态和固态）水的总和。《中国大百科全书》将其定义为地球表层可供人类利用的水，是一年中可更新的水量资源。联合国教科文组织（UNESCO）将其定义为可供利用或有可能被利用，具有足够数量和可用质量，并适合某地水需求而可长期供应的水源。

在上述三种定义中，《大不列颠百科全书》更多着眼于水资源的自然属性；《中国大百科全书》更多着眼于水资源的社会属性和经济属性；联合国教科文组织的定义除强调社会属性和经济属性之外，还对水资源的"量"和"质"做了区分。本书的研究目标是求解能够达成经济发展、资源集约和环境保护三者相互协调的区域水资源优化方案，更多体现了资源的社会属性和经济属性。因此，本书将水资源定义为特定区域内部可供利用或有可能被利用的地表水和地下水的总和。

2. 水资源优化

"优化"一次最早出现在工程技术领域，并逐步在经济管理领域得到广泛应用。《新帕尔格雷夫经济学大辞典》将"优化"一词定义为在充分考虑多种设计约束前提下，寻求满足某预定目标最佳结果的设计方法。水资源优化就是在水资源总量不变的条件下，在综合考虑水资源自然属性、经济属性、社会属性和生态属性的基础上，采用科学方法和合理管理体制对特定区域的水资源在不同主体或用途之间进行数量上的重新安排与调配，以期达到经济可持续发展和水资源可持续利用目标的相关活动。

王劲峰（2001）和陈南洋（2007）将水资源在社会、经济和生态环境子系统中的优化对象概括为质量、数量、时间和空间四种基本要素。在研究中，由于相关资料的限制，暂不考虑水质因素对优化方案的影响。此外，本书将以2020年为时间节点研究水资源优化问题，也就不会涉及区域水资源的时间分配。因此，本书的水资源优化特指京津冀地区水资源在不同地区和三次产业之间数量与空间上的安排与调配。

3. 水权

水资源优化问题在经济学上表现为可利用水资源在数量与空间上的调配，在法理上表现为水资源产权的重新安排。

《大不列颠百科全书》将产权定义为人与人之间对物的法律关系的综合。阿尔钦（A. Alchian）将产权定义为一个社会所实施的选择一种经济品的权利，其基本内容包括行动团体对资源的使用权与转让权，以及收入享有权。德姆塞茨（H. Demsetz）提出，产权是一种社会工具，其重要性在于它能帮助一个人形成他与其他人进行交易的合理预期，其主要功能是引导人们将外部激励转化为内化激励。菲吕博腾认为产权是包含占有权、使用权、转让权、出借权等在内的权利束，其不仅指人对物的关系，更是人与人之间的关系，它是一系列用来确定每个人相对于稀缺资源使用时相应地位的经济和社会关系。费希尔持有与菲吕博腾相近的观点，认为产权是享有财富的收益并且同时承担与这一收益相关成本的权利，产权并不是有形的物，而是一种抽象的社会关系。巴泽尔（Y. Barzel）将产权概括为消费资产、从资产中取得收益和让渡资产的权利。

虽然不同学者因着力点差异，对产权概念进行了不同表述，但基本在以下几点达成共识：首先，产权是人与人之间的社会关系；其次，产权是权利的集合，该集合中至少包括所有权、使用权、收益权和处置权；最后，产权的获得意味着收益的享有和成本的承担。

水资源的产权被简称为水权，具体包括水资源的所有权、使用权、收益权、处置权等。我国 2002 年颁布施行的《中华人民共和国水法》第三条明确规定：水资源属于国家所有并由国务院代表国家行使具体权利。但是，水资源的国家所有性质只存在理论上的意义，并不具有实践上的可操作性。因此，在研究京津冀地区水资源优化问题时也就没有必要纠结于水资源所有权的归属与划定。真正具有现实意义的权利在于水资源的使用权。收益权和处置权也都源于使用权的存在，或者说派生于使用权。因为，收益权只有通过水资源的使用才可获得，而对水资源的处置也都基本限于对使用权的让渡。因此，本书的水权倾向于水资源权利集合中的使用权。权利的主体是北京市、天津市和河北省一省两市的地方政府，客体是京津冀地区可被利用水资源，内容是如何将水资源在区域主体和三次产业之间进行合理分配，以实现经济、资源和环境的协调发展。

二、区域产业结构相关概念的界定

1. 产业结构

杨建梅（2003）将产业结构概括为产业优势地位的分布状态。苏东水（2000）从"质"和"量"两个角度对产业结构进行了考察，其中，"质"的角度分析产业间技术经济联系及其变化趋势，揭示经济发展过程中居于主导地位或支柱地位的产业部门不断被替代的规律及其对应的"结构"效益；"量"的角度静态研究和分析一定时期内产业间"投入"和"产出"的比例关系。张文忠（2009）认为，产业结构是各产业之间按照一定经济技术联系构成的比例关系，包括产业发展水平、产业结构组成和产业间的技术经济联系三方面主要内容。刘秉镰（2010）将产业结构定义为一个经济体中产业的构成以及它们之间的比例关系和结合状态。党耀国（2011）对产业结构进行了"广义"与"狭义"概念的划分，其中，狭义产业结构的内容主要包括构成产业总体的产业类型与组合方式，各产业之间的本质联系与技术基础，产业的发展程度及其在国民经济中的地位和作用；广义产业结构除了上述所指之外，还包括产业之间在数量比例上的关系和空间结构上的分布等。

按照不同的分类标准，产业结构可以有不同的分类方法：按照生产活动的性质可划分为物质资料生产和非物质资料生产两大部门；按照主要投入要素的差异可划分为劳动密集型产业、资本密集型产业、技术密集型产业。本书研究中所指产业结构是指按照生产活动的历史发展过程划分的三次产业分类法，具体划分如下：

（1）第一产业主要包括与农业生产相关的部门，可细分为种植业、林业、畜牧业和渔业。

（2）第二产业主要包括工业和建筑业。其中，现有国家和地方的统计年鉴基本按照2002年《国民经济行业分类标准》，将工业划分为煤炭开采和洗选业、石油和天然气开采业、食品制造业、化学纤维制造业等38个子行业。此外，按照生产过程和对象划分，工业又可划分为轻工业和重工业。轻工业主要指提供生活消费品和制作手工工具的工业，例如，以农业为原料的食品及饮料制造业、烟草加工业、纺织业、皮革和毛皮制作业、造纸及印刷业，以及以非农产品为原料的文教体育用品业、化学药品制造业等。重工业是指为国民经济各部门提供物质技术基础的生产资料工业，例如，以石油开采、煤炭开采、金属矿开采、非金属矿开采和木材采伐为代表的采掘业，以金属冶炼及加工、炼焦及焦炭化学、化工原料、石油和煤炭加工为代表的原材料工业，以及以机械设备制造为代表的加工工业。

（3）第三产业主要是指第一产业和第二产业之外的，以非物质生产为主的服务业。按照国家统计局《三次产业划分规定》，第三产业包括交通运输、仓储和邮政业，信息传输、计算机服务和软件业，批发和零售业，住宿和餐饮业，金融业，房地产业，租赁和商务服务业，科学研究、技术服务和地质勘查业，水利、环境和公共设施管理业，居民服务和其他服务业，教育、卫生、社会保障和社会福利业，文化、体育和娱乐业，公共管理、社会组织和国际组织等。

2. 区域产业结构

刘秉镰（2009）认为，区域产业结构是指特定区域内产业与产业之间所构成的比例关系和结合状态，它是从中观层面对区域产业经济运行特征及规律的揭示。区域所指范围可能大于国家边界，如欧盟地区产业结构、东南亚地区产业结构等，也可能小于国家边界。区域产业结构也可以从"质"和"量"两个角度加以细分：区域内部各个产业之间的产出比例、劳动力投入比例、固定资产投入比例是区域产业结构"量"的方面；区域内部各个产业之间的联系形态及其变动趋势是区域产业结构"质"的方面。

区域产业结构与国家层面产业结构之间的区别主要反映在以下几方面：

（1）区域产业结构更多涉及区域内部地方政府之间的政策协调。区域产业发展往往涉及多个地方政府，例如，环渤海经济区包括辽宁、河北、天津、北京、山东三省两市，长江三角洲经济区包括上海、江苏东南部、浙江北部两省一市。因此，同一区域内部不同地区政府之间经常出现政策博弈，产业发展的协调与沟通尤为重要。否则，容易形成区域产业结构趋同、相同产业恶性竞争的局面。

（2）区域产业结构的非均衡性与互补性更为突出。除个别国土面积小、人口少的微型国家之外，大部分国家的产业结构相对完整，三次产业产值、劳动力人数等表现出一定的均衡性。与之相反，区域产业结构的非均衡性更为突出。例如，由宁夏宁东地区、内蒙古鄂尔多斯地区和陕西榆林地区组成的西部能源"金三角"，以石油、煤炭、天然气、化工为代表的重工业发展速度极快，而农业和服务业发展相对落后。北京市第三产业产值占地区生产总值的比重达到75%以上，但农产品需要大量从邻近的河北省、山东省调入。区域产业结构的非均衡性决定了产业结构的互补性，某地区可以专注发展其具有比较优势的产业，并通过与区域内部其他地区的经济活动，弥补其劣势产业。因此，区域产业结构的互补性对生产要素在区域内部不同地区与产业之间的优化提出了客观要求。

（3）区域产业结构更多地呈现开放性。由于国与国之间的经济活动要受制于关税、非关税壁垒、不同国家汇率政策、劳动力和资本流动壁垒等多方面因素的制约，国家层面产业结构更多地表现为相对封闭性。与之相比较，区域产业结构一般不存在税收壁垒，货币也是统一的，劳动力和资本也可相对自由地流动。因此，区域内部不同地区的产业结构是一个开放的系统，并为商品和要素在区域内部的流动与优化提供了便利条件。

三、水资源与区域产业结构

1. 水资源是影响区域产业结构的重要因素

刘秉镰（2010）将产业结构的影响因素划分为一般影响因素和特殊影响因素两类。其中，一般影响因素是不考虑区域之间相互作用关系时的因素，主要包括需求结构和生产技术；特殊影响因素是考虑区域之间相互作用关系时的因素，主要包括区际商品贸易和区际要素流动。党耀国（2011）将区域产业结构的影响因素概括为区域要素禀赋、需求结构导向、区域间经济联系和生产的区域集中度。后者观点直接将要素禀赋列为影响区域产业结构的核心影响因素之一，前者观点虽未直接提及要素禀赋对区域产业结构形成的影响，但其提及的"区际要素流动因素"实质上已经间接肯定了要素禀赋对区域产业结构的影响。因此，要素禀赋的差异性形成了区域产业结构的差异性。

随着人口增长与经济发展，水资源对区域经济的影响愈加突出，其要素属性也愈加明显。

（1）水资源是农业发展的基础，灌溉、畜牧和水产品养殖业都离不开水资源。因此，第一产业的产值、内部结构、发展态势与区域水资源状况高度相关。

（2）水资源与工业和建筑业的发展息息相关。根据我国城镇建设行业标准《工业用水分类及定义》（CJ40-1999），工业用水是指工矿企业各部门在生产过程（或期间）中，制造、加工、冷却、空调、洗涤、锅炉等处使用的水资源。在工业生产中，水既可作为传递热量的介质，也可用于生产工艺的溶剂、洗涤剂、吸收剂、萃取剂，还可用作生产过程的原材料或反应物质的基本介质。水资源禀赋的丰富程度直接决定工业内部各个行业之间的结构关系和建筑业的发展环境。

相对而言，水资源并没有直接参与第三产业的生产过程，而是以服务的性质作为第三产业的补充内容而发挥作用。第三产业用水主要体现在提供住宿、餐饮、旅游等服务时对水资源的使用，以及学校、医院等其他服务业在维持正常生产经营活动过程中对水资源的消耗。虽然从总量的角度看，第三产业用水占比仍相对较低，但近年来却是用水增长最快的产业。

由此可见，水资源的差异性将会对区域产业结构形成一定影响。水资源是各个产业发展所必需的投入禀赋，也是影响区域产业结构及各个产业发展速度、质量、潜力的关键因素。

2. 区域产业结构是决定水资源需求的关键变量

一方面，社会经济的发展与人们的生活都离不开水资源。《水资源统计公报》显示，在我国每年的水资源使用量中，居民生活用水和生态环境补水量一般仅占15%，其余大部分为生产活动用水。其中，农业用水量一般占总用水量的3/4，工业用水量约占1/10。此外，农业内部的种植结构和工业内部行业结构也会对水资源需求产生重要影响。例如，电力与热力生产行业、钢铁行业、建材及原材料行业以及部分化工行业都属于用水大户，特定区域内上述行业比重过高或增长过快都势必将加大区域水资源短缺矛盾。

另一方面，区域产业结构不仅从数量角度影响水资源的需求状况，还从质量角度影响水资源的环境状况。相关数据显示，海河流域的造纸及纸制品业，化学原料及化学制品制造业，电力、热力的生产和供应业等10个行业的废水排放量和化学需氧量（Chemical Oxygen Demand，COD）排放量分别占流域重点工业企业排放量的78.5%和86.4%，而上述企业个数仅占纳入统计范围全部企业个数的55.38%。显然，上述行业在区域产业结构中比重过高往往会加大水环境压力，降低水资源质量。

基于上述两点原因，区域产业结构与水资源二者之间具有紧密的相关关系，进行水资源优化研究不能不对区域产业结构状况加以考虑。因此，只有基于京津冀地区产业结构视角求解得到的地区与产业双向维度的水资源优化方案，才能真正切实解决本区域面临的水资源短缺与经济发展之间的矛盾，实现经济发展、资源集约、环境保护三者之间的协调和水资源的可持续利用。

第三节 研究的目标、内容

一、研究的主要目标

本书研究的总体目标是基于多目标决策理论和方法，在分析研究京津冀地区产业结构的基础上，求解能够达成经济发展、资源集约和环境保护三者相互协调的区域水资源优化方案，并提出能够使得优化方案得以有效实施的保障措施，为实现京津冀地区经济、资源和环境之间的协调发展提供决策参考。

二、研究的主要内容

本书针对京津冀地区经济、社会发展与水资源短缺矛盾，在分析评价区域产业结构和水资源现状的基础上，对区域产业结构与水资源关联度及水资源利用效率进行评价，并通过建立兼顾经济发展、资源集约、环境保护的多目标决策模型，求解地区与产业双向维度的水资源优化方案，最终从政府和市场两个角度提出水资源优化的保障机制。本书具体的技术路线如图 1-1 所示。

除第一部分绪论外，本书研究的主要内容共包括 9 个部分：

1. 相关研究的文献综述

本书第二部分从水资源与地区经济发展关系、水资源与产业结构关系、水资源优化方法三方面对既有研究文献进行了综述，为后续开展的地区与产业两个维度、经济发展、资源集约和环境保护三重目标的京津冀地区水资源优化研究奠定了基础。

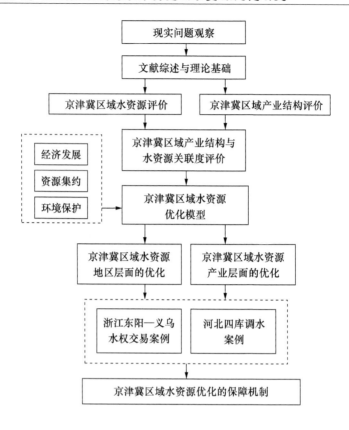

图 1-1 本书研究的技术路线

2. 研究的理论基础

本书对水资源优化理论和区域产业结构形成、演化理论进行了简要描述,并从中总结出基于区域产业结构视角研究水资源优化问题的相关启示,为后续研究顺利进行奠定理论基础。

3. 京津冀地区水资源评价

水资源现状的合理评价是对京津冀地区水资源进行优化研究的基础。该部分首先从河流水系、降水量、蒸发量、水资源总量等方面对京津冀地区水资源总体状况进行评价,并在此基础上从水资源供应和使用两方面对区域水资源现状进行研究。此外,该部分研究还将区域产业结构现状和水资源现状研究结论相结合,通过评价京津冀地区各地区三次产业的水资源利用效率,初步探索了区域水资源优化的大致方向。

4. 京津冀地区产业结构评价

本书主要基于产业结构视角研究京津冀地区水资源优化问题。因此，也就有必要对区域产业结构现状进行客观评价。该部分在对京津冀地区产业结构历史演化过程及其现实状况进行描述的基础上，利用钱纳里工业化阶段理论和区域产业结构变动指数对北京市、天津市和河北省产业结构进行内部评价，利用区位商指数和区域产业相关系数对地区间产业结构进行关系评价。

5. 京津冀地区产业结构与水资源关联度及利用效率评价

该部分主要运用灰色关联系数，对京津冀地区整体产业结构、分地区产业结构与水资源利用情况的关联度进行评价。首先，研究产业结构与水资源消耗之间是否具有相关性。其次，分析哪些产业与水资源消耗的关联度更加明显，并且这种关联度在京津冀三个地区存在何种差异。最后，为京津冀地区水资源优化模型的建立进行准备，此部分还对京津冀地区水资源利用效率进行了估算。

6. 京津冀地区水资源优化模型的建立

该部分内容在对产业结构和水资源现状进行研究的基础上，建立了经济发展、资源集约、环境保护三者兼顾的多目标水资源优化模型。此外，还对区域2020 年的 GDP 总量、产业结构、生产用水资源总量及结构、废水排放总量及结构、粮食产出水平及水资源粮食产出效率等模型参数进行了预测，为模型求解奠定基础。

7. 京津冀地区水资源优化模型的求解

该部分研究采用多目标决策中的权重法并利用 LINGO 软件对京津冀地区水资源优化模型进行了求解，并从地区层面和产业层面对水资源优化结果进行了讨论，提出了水资源优化路径。

8. 水资源优化实现的案例分析

京津冀地区水资源的优化结果在理论层面给出了水资源在地区和产业两个层面进行优化配置的基本方向，但其实现还需要在现实中从制度层面予以一定的政策配合。该部分通过对"东阳—义乌水权交易"和"河北四库调水"两个水资源配置案例的剖析，对市场和行政两种水资源优化配置手段进行了比较分析，提出了现实层面实现水资源优化配置需解决的关键问题。

9. 京津冀地区水资源优化的制度保障

水资源优化配置的本质是对水权及其与之有关福利的再分配。本部分在分析水资源优化对不同地区和不同产业福利可能产生的影响的基础上，提出了通过水资源补偿实现京津冀地区水资源优化的基本思路，并从补偿主体、补偿方式、补偿标准、组织保障、制度约束等方面给出了相应的对策建议，同时提出了基于市场化路径实现区域水资源优化的保障机制。

本章小结

　　本章主要提出本书的研究背景，指明水资源与区域产业结构的关系，并对本书研究的目标与内容等进行了说明。首先，在描述京津冀地区经济、社会发展与水资源短缺矛盾的基础上，提出了进行区域水资源优化研究的意义。其次，通过水资源与区域产业结构关系的说明，论证了从产业结构视角研究京津冀地区水资源优化问题的价值。最后，提出了本书研究的目标、整体研究和具体内容安排。

第二章　文献综述

第一节　水资源与地区经济发展的关系

一、水资源对于地区经济发展的影响

伴随着经济的发展，不可避免地需要消耗水资源。但是，由于受空间、时间差异的限制，再加上人口的急剧增加，人均水资源利用率不足，水资源短缺往往成为影响地区经济投入和发展速度的制约因素。足够数量和质量的水是一切生命的关键，人口增长和技术的发展要求人类社会对水资源投入越来越多的关注，以保证水的充足供应（Karr，1991）。特别是 20 世纪 90 年代以来，水资源短缺矛盾愈加凸显，相关学者也将水资源的可持续利用作为关注焦点加以研究。

Arnell（2004）通过研究发现，1995 年在西南亚、中东和地中海周边有近 14 亿人生活在缺水流域，并预测到 2055 年将有 56 亿人生活在缺水地区，面对严重的水资源短缺问题。Huang（2011）基于建立信息分类系统研究了流域系统水资源的匮乏问题，并指出了水资源的短缺对地区经济的阻碍作用。

中国水资源的现实状况是北方地区人口多、降水少，水资源短缺矛盾突出，

南方地区水资源比较丰富，人均水资源量充裕，并且无论南北方水资源都在时间上呈现出"夏多冬少"的分布状态。水资源时空分布不均衡的局面，在经济、社会、资源、环境方面严重制约了中国很多地区的可持续发展。很多学者针对西北、华北地区水资源短缺问题进行了研究。Genxu Wu（1999）以中国西北干旱地区的生态水资源开发为例，发现黑河流域已有超过 30 条支流以及终端湖泊干涸，这已经严重影响该地区的经济。封志明（2006）对用水需求巨大的京津冀地区水资源消耗情况进行分析后指出，南水北调方案实施以后在短期内确实使该地区的水资源短缺问题有所改善，但是人口的过度膨胀导致人均水资源可用量依旧很低，只有在降水多的时段才可以满足该地区对水资源的需求，降水少的时段水资源仍然供不应求，用水矛盾依然相当突出。于法稳（2008）针对中国粮食生产与灌溉用水的关系，运用脱钩理论得出中国西北、华北地区的水资源供应不足将是长期问题的研究结论。Wang（2008）认为，在干旱和半干旱地区水资源短缺问题严重，甚至可能引发暴力冲突，强调缺水地区的用水需求只有从外部调入才能保证相关地区社会经济发展对于水资源的基本需求。赵辉（2009）以河北省水资源问题为例，从自然和社会经济背景层面分析了该地区的水资源安全问题，并分析了水资源供需矛盾对经济发展的抑制作用。丁超（2013）借助水资源承载力的概念对西北地区水资源短缺问题进行了研究，结果表明，局部地区水资源承载力不足造成部分地区经济发展萎靡，并且当前中国在技术水平、开发条件、开发理念等方面的不足进一步严重限制了这些地区水资源的可持续利用。方子杰（2015）提出，在全面推进社会发展过程中，要坚持"以水定产、以水定需"的原则，并把"空间均衡"作为首要目标，充分发挥水资源对于经济社会发展的推动作用。

二、地区经济发展对于水资源的影响

现阶段，关于水资源与区域经济增长关系的研究方法主要有两大类。

第一类研究集中于研究区域经济发展与水资源消耗之间是否存在环境库兹涅茨曲线现象。

大部分学者通过研究发现，中国地区经济增长与水资源消耗之间确实存在环境库兹涅茨曲线关系。例如，Zhu（2004）基于实证数据，通过构建回归模型证实了中国水资源消耗与经济发展二者之间存在倒"U"形曲线关系，并且当时的研究时点处于库兹涅茨曲线的上升部分，如果采取对水资源使用征税，建立和完善系统的水资源交易等措施，将有可能打破库兹涅茨曲线的固有趋势。李周（2009）利用时间序列模型，选取国内生产总值和用水量变化的数据，也证实水资源消耗与经济增长之间是存在库兹涅茨曲线关系的。同时，部分学者还以工业生产活动为对象，对工业用水库兹涅茨曲线的存在性进行了研究。例如，Jia（2006）研究发现，随着地区经济的增长和收入水平的增加，中国工业用水经历了同比增长，随后趋于稳定，然后下降到一定程度的变化过程，即工业用水与地区收入水平之间存在环境库兹涅茨曲线形态。与之对应，部分学者分析了农业用水的库兹涅茨曲线特征。例如，刘渝（2008）利用 1999~2005 年 31 个省份的人均农业用水量与区域经济增长的面板数据，得出两者之间符合库兹涅茨曲线的特征。

　　但也有学者通过实证研究否定了区域经济发展与水资源消耗之间存在着环境库兹涅茨曲线关系。例如，姜莉（2011）基于虚拟水的概念，选取 16 项消费产品对 2004~2008 年的虚拟水数据进行了测算，分析水足迹与经济增长之间的变化关系，结果表明，京津冀地区水足迹与经济增长之间不存在环境库兹涅茨曲线的变化特征；张陈俊（2014）对 31 个省份 2002~2010 年工业用水的面板数据进行分析，指出工业用水与区域经济增长之间并不呈现单一的关系，具体是"N"形还是倒"U"形要看选取的指标与区域的范围。

　　第二类研究主要是通过 VAR 模型来分析区域经济增长与水资源消耗之间的长期动态关系。邓朝晖（2012）利用 1980~2007 年的相关数据，从长期性和动态性两方面对经济增长与水资源消耗之间的关系进行分析，结果表明，伴随着经济的快速增长，中国农业用水量基本呈现平稳变化，但总用水量、工业用水量和生活用水量却增长迅速。潘丹（2012）借助 1998~2009 年各省的面板数据，构建 VAR 模型来检验分析水资源数量和农业经济增长的关系，研究发现，伴随着规模的扩张、技术的进步和产业结构的升级，农业经济增长会影响水资源数量的变化，达到最高点之后就会降低，进而一定程度上能够缓解用水压力。

第二节　水资源与区域产业结构的关系

一、水资源对于区域产业结构的影响

产业结构与用水结构是影响区域经济发展的两个重要因素，水资源是产业发展的基本支撑条件，而有限的水资源承载能力又制约产业发展。水资源约束会对区域产业结构产生影响，国内外学者从三次产业及产业内部两个视角对相关问题进行了相关研究。

一方面，水资源对于三次产业分布具有影响。区域水资源作为社会经济发展的基础性自然资源、战略性经济资源以及控制性生态环境资源，对促进区域三大产业发展以及产业结构调整优化起着重要的支撑作用（王福林，2009；葛通达，2014）。具体而言，Rajaram（2008）指出，水资源对产业结构的影响是一把双刃剑，水资源是产业发展的驱动力，水资源短缺会阻碍产业发展的进程，并在此基础上提出，印度应该对水资源的使用进行更加严格的监管，以减少水资源浪费的建议。Davies（2011）采用系统动力学建立综合评价模型 ANEMI，研究水资源短缺对产业结构的影响，分析了水资源、社会经济及环境变化的本质联系，并采用ANEMI 模型实现了对加拿大水资源及产业结构调整的合理预测。在国内学者所做研究中，盖美（2007）采用相关分析理论研究了水资源短缺对大连城市产业结构的影响，发现第二产业与用水量高度相关，而第三产业与用水量的相关性较低，调整第二产业内部结构是解决大连水资源短缺的主要途径；吴佩林（2009）以北京市为对象，研究发现，实现城市生产用水的负增长和城市水资源可持续利用，必须加大产业结构调整力度，促进第一产业、第二产业、第三产业协调发展，促进产业结构优化升级；文琦（2011）运用模糊数学与 AHP 方法，对榆林市水资源胁迫度进行测算，发现榆林市各年份水资源胁迫度已接近或超过重度水平，生态建设与社会经济发展受水资源的强胁迫，水资源短缺迫使产业向具有耐旱、低耗水、高效益等特征的产业类型转换；蒋桂芹（2013）以北京市为例剖析水资源供给对产业结构演进的作用，指出水资源对于产业发展的支撑作用方式趋于间接化和复杂化，水资源的短缺将促使产业结构做出适应性调整；苏伟洲（2015）对我国三次产业结构与水资源消耗比重进行系统性分析，发现水资源对第一产业内部形成较大的调整压力，对第二产业尚未形成明显的调整压力，对第三产业仅形成了短期调整压力，并根据分析结果提出水资源对产业结构调整的倒逼机制和作用路径。

另一方面，部分学者研究了水资源对产业内部结构的影响。在农业方面，Chaturvedi（2001）以印度水资源为研究对象，分析了印度农业政策对用水结构的影响，得出可持续发展的水资源管理政策有利于农业发展的结论，并提出了改进印度农业用水结构的意见。在工业方面，Renzetti（1992）研究了加拿大的工业用水情况，指出供水价格、需水量、工业企业支出等都会影响工业用水结构，用水结构的调整也会促进工业结构进行调整。Alva – Argáez（1998）提出了工业废水最小化的集成方法，并指出通过工业用水结构优化促进产业结构做出适应性调整的基本路径。Reynaud（2003）以法国产业结构与用水结构作为样本，采用计量经济学方法评价了法国工业用水需求量与经济结构的关系，并给出了法国调整产业结构的方向。崔志清（2008）以投入—产出模型分析了产业分类及工业结构的合理性判断准则，建立了水资源约束下的工业结构优化模型。张晓军（2009）依据北京第二产业各行业的影响力系数和感应度系数，将各行业的万元 GDP 水耗进行聚类分析，探索了水资源约束条件下第二产业内部结构的优化和调整。王彤（2010）运用多目标规划理论，建立了铁岭市基于水环境承载力约束的工业结构调整模型。南芳（2010）将工业结构与用水量的变化分为三个阶段，发现水资源对工业发展在不同阶段表现出"促进—抑制—优化"的阶段性作用。

二、区域产业结构对于水资源的影响

产业结构调整可以在一定程度上解决水资源紧缺问题，进而减少因供水不足给国民经济发展带来的影响。产业结构演进也可以改变水资源在各个产业之间和产业内部之间的分配和流动规律，进而影响用水量、用水结构及用水效率。

很多学者从三次产业间关系研究产业结构调整对水资源的影响。例如，Baur（1998）以矿产开采对水资源的影响为例，分析水资源被污染和处理的过程，提出加强水资源管理的主张，同时表明，调整产业结构才是保护水资源、促进可持续发展的最终途径。Kumar（2005）讨论了印度水资源的构成及其产业间的利用情况，得出了印度亟须调整产业结构以达到节约用水的结论。在国内问题的研究中，雷社平（2004）和许凤冉（2005）以北京市为例，分别采用相关分析法和灰色关联分析法，研究了产业结构调整与水资源需求变化之间的关系，指出大力发展第三产业，调整第二产业，从资源密集型产业转向技术和知识密集型产业，有利于节约用水。孙爱军（2007）以淮安市为例，运用回归分析理论研究产业结构与三大产业用水所占比例之间的关系，指出农业发展应通过大力推进农业科技进步达到节约用水的主要目标，工业结构与水资源供给状况还需进一步调整以便促进产业结构与水资源协调发展，同时应大力发展第三产业以达成节水目标。Yun（2008）以云南省丽江市为例，构建不同产业对水资源的影响系数，分析产业结构对水资源的影响，发现区域产业结构调整是水资源利用的驱动因素，区域产业结构调整对水资源的合理利用有积极作用。章平（2010）以深圳为例考察产业结构演进中的用水需求变化规律，指出产业结构升级是工业用水实现零增长的直接原因，随着产业结构的调整用水量出现"增长—峰值—下降"变化，同时在产业类型由耗水多的"劳动—资本密集型"向耗水少的"技术—知识密集型"转型过程中会产生节水效应。苏龙强（2011）利用PLS方法对福建省水资源利用情况进行研究，结果显示，第一产业发展与农业用水强度高度正相关，第二产业对工业用水和生活用水具有强作用。凡炳文（2012）应用灰色关联分析理论和相关分析法对甘肃省产业结构与用水结构进行了分析，发现第一产业在产值增加与产业构成下降并存的情况下，其对生产用水量影响甚微，大力发展第二产业、积极推动第三产业的发展将是甘肃省经济发展的基本格局。刘铁芳（2014）从福利经济学理论中的生产帕累托最优条件出发，通过构建"结构偏差系数"指标测算北京市产业结构与水资源消耗结构的关联关系，指出推动第三产业的发展，保持其稳定高效的增长率，将是北京市产业结构调整和水资源消耗结构调整的基本格局。

产业结构调整不仅可以提高水资源在产业间的利用效率，还可以优化产业内部的用水结构。在农业方面，赵雪雁（2005）指出，农业内部不同的种植方式对水资源的消耗结构不同，并且不同种植方式下的农业结构与农业用水结构间的相关度也有所差异。Mall（2006）研究了产业结构对于印度水资源使用的影响，提出通过改善农业内部种植结构和用水结构达到节水减排目标的具体实施"路线图"。蒋舟文（2008）运用相关分析模型揭示了西北地区农业生产结构与农业用水结构的关系，探讨了通过农业结构调整优化农业用水结构的可能性。在工业方面，陈雯（2011）、刘翀（2012）和张礼兵（2014）分别采用 LMDI 将我国工业用水影响效应分解为产业结构效应和经济规模效应，对工业内部产业结构调整与水资源利用关系进行研究，结果发现，工业经济规模的增长使工业用水消耗增加，产业结构效应对用水需求增长有抑制作用。张兵兵（2015）通过建立面板协整方程及其误差修正模型，检验工业水资源利用与工业经济增长、产业结构变化之间的因果关系，指出通过适当调整产业结构使得工业内部结构合理化，进而促使工业水资源利用合理化。在第三产业方面，张晓军（2010）基于万元 GDP 水耗和第三产业相关系数的聚类分析，发现北京地区应根据感应度系数、产业影响力系数及水资源投入—产出比来制定第三产业结构调整策略。

三、区域产业结构与水资源的相互影响

区域产业结构与水资源利用相互影响、相互制约，借此一些学者对区域产业结构与水资源消耗之间的耦合关系进行了研究。例如，杜鹏（2006）从宁夏经济空间结构变化与区域用水结构变化两个方面，分析了各自的特征和耦合变化总体特征；蔡继（2007）运用关联度分析法，研究河北省产业结构变化与水资源可持续利用的相关关系，结果表明，影响产业结构调整与水资源可持续利用的诸因素间存在耦合关系；云逸（2008）和钟科元（2015）采用对称 Logratio 变换与偏最小二乘回归法，分别探讨了北京市用水结构与产业结构的相关性，以及福建省用水结构与产业结构相关性的地区差异性。

与之对应，还有部分学者对区域产业结构与水资源利用之间的关系进行了协调性评价。例如，Li（2005）设计了六部门水资源投入产出表，分析了北京市产业结构和水资源利用的协调性问题；汪党献（2005）建立了水资源投入—产出分析模型，提出了节水高效型国民经济产业结构的判定标准及其方法；鲍超（2006）以内陆河流域用水结构与产业结构双向优化理论及机制分析为基础，采用系统动力学模型和灰色关联模型，对内陆河流域产业与用水结构进行双向仿真模拟，发现了优化用水结构的理论依据与机制创新的途径；孟小宇（2010）依据相关分析法及灰色理论分析方法，研究陕西关中地区产业结构与用水结构之间的关系，同时依据产业用水系统的非线性特征，应用现代复合系统和协同学原理，构造了水资源—产业复合系统发展协同度模型；吴丽（2011）提出了以经济效益、产业结构贴近度、用水量等为目标的产业结构与用水结构协调的多目标优化模型，应用模糊多目标决策方法对模型进行求解，并对宁夏进行实例研究验证了该模型及方法的可行性；蒋桂芹（2012）以安徽省为例，在分析区域产业结构与用水结构协调度内涵的基础上，给出了一种简单的区域产业结构与用水结构协调性评价方法；刘慧敏（2013）基于我国 31 个省份用水结构和产业结构水平，构建了用水结构与产业结构协调评价模型，从宏观层面对各省份用水结构与产业结构间的协调程度进行测算排名，结果表明，中国用水结构与产业结构协调程度总体还处于中低水平。

第三节 水资源优化

在水资源普遍短缺的大背景下，区域之间的优化配置是解决水资源短缺问题的主要途径。因此，为保证经济的快速平稳发展，必须实现水资源优化配置（徐振国，2008）。水资源优化配置通常是指在流域或者特定的区域范围内，以水资源的可持续利用和经济社会的可持续发展为目标，通过工程与非工程措施并举，充分考虑市场经济规律和资源配置准则，对几种或多种可利用水资源在区域间和各个用水部门间进行调配，并最终实现水资源的经济、社会和环境综合效益最大化。如何实现有限水资源的优化配置，如何科学可行地建立水资源优化配置模型，近年来越来越多的学者对相关问题展开了深入研究。

一、多目标优化决策

如何实现有限水资源的优化配置，建立科学可行的水资源优化配置模型，是近年来相关学者的研究焦点。水资源配置系统是一个具有自然、生态、经济、社会多重属性的复杂系统，水资源分配本身就是多目标优化问题，一般来说并不存在唯一最优解。一般情况下，会因为决策者目标偏好的不同得到不同的最优解。

在早期，Pearson 等（1982）用二次规划方法对位于英国的 Nawwa 区域的用水量分配问题进行了研究。之后，Reca（2001）采用了线性规划方法，以整体经济效益最大化为目标，建立了作物系统、灌溉地区、整个流域等不同层次的水资源优化配置模型。Elizabeth（2003）以追求效率与公平为目标，以土地、劳动力、水资源为约束条件，得到厄瓜多尔 Sierra 地区灌溉水资源合理优化配置方案。Kuby（2005）构建了水资源多目标优化模型，分析水资源利用的生态目标和经济目标的权衡。Higgins（2008）将随机非线性规划应用于水资源配置，探究水资源需求和经济快速增长对澳大利亚干旱地区供水的压力，并研究不同地区的用户之间如何分配有限的水资源，从而实现经济、社会和环境效益的统一。Mah-jouri（2010）运用博弈论方法开发了跨流域调水管理和环境标准，并基于经济效率和环境可持续性的标准对用水户净利益重新分配，优化跨流域调配管理。在国内学者所做研究中，姚进忠（2005）在分析兰州、白银两市和"引大工程"灌区的水资源供给需求基础上，采用线性规划方法，运用水资源系统分析理论，将"引大工程"的经济效益最优作为目标函数，提出了符合"引大工程"供水区水资源特点的优化配置模型；王文科（2006）应用系统分析原理，在考虑区域经济发展、环境保护和水资源可持续利用的基础上，建立了银川平原水资源优化配置线性规划模型；杜长胜（2007）基于大系统理论和多目标分析方法，对水资源的分配制定了区域配水制度，为实现水资源的优化配置奠定了理论基础；孙志林（2009）运用多目标非线性规划原理，提出了可适用于多水源供水、多用户需水的区域水资源合理优化配置模型；王瑞年（2009）分别运用动态规划方法和多目标规划方法，基于分层次耦合结构建立了山东龙口市农业水资源优化配置模型，以解决农业水资源不足和分配不均所带来的问题；赵群芳（2015）以实现水资源的可持续发展为基本目标，力求发挥水资源系统的最大价值，构建了水资源构成要素与环境影响之间关系的协调模型，进而实现水资源的科学配置；张玲玲（2015）以济宁市为研究对象，在充分考虑经济、社会、生态等各个因素影响的基础上，基于多目标理论建立了水资源优化配置模型。

二、大系统优化决策

在水资源优化配置的研究过程中，经常出现多目标多单元的大中型水利水电系统。对这种大中型系统的优化规划问题业已成为水资源优化配置研究中的一个重要课题。为解决大型系统所伴随的求解困难问题，Dantzig（1960）利用系统分解原理对大系统进行分解，把海量问题缩小成为多个具有独立约束的子系统问题，先去掉复杂的"耦合"约束条件，再设法考虑和满足"耦合"约束的要求，得出最终的求解模式。在此基础上，Romijn（1982）在综合考虑了水资源的多种功能和多种水资源相关用户利益的关系后，提出了水资源分配问题的多层次模型。在国内学者所做研究中，鲍超（2006）以内陆河流域用水结构与产业结构双向优化理论及机制分析为基础，采用系统动力学模型和灰色关联模型对内陆河流域产业与用水结构进行双向仿真模拟，发现优化用水结构的理论依据与机制创新的途径；陈鹏飞（2006）通过运用大系统分解协调方法，分层次建立了水资源优化配置模型，对采取跨流域调水工程的滇池地区如何进行复杂的水资源分配进行了分析求解；常福宣（2010）建立了适用于长江流域的水资源优化配置模型，并采用大系统分解协调原理提出了相应优化方法。

三、神经网络优化决策

由于水资源优化配置存在的多目标性和复杂性，常规的优化算法在计算速度、初值敏感性、收敛性等方面表现出它的局限性。鉴于人工神经网络（ANN）存在的强大的自适应、自学习能力和多输入并行处理、良好的容错性和联想记忆能力以及非线性映射能力，人工神经网络被越来越多地应用到预测水资源优化配置研究（Maier，2000）。Karasekreter（2013）运用人工神经网络提出了一种全新的灌溉系统，并由此确定了作物不同生长期所需灌溉用水的比例和时间，从而促进节约用水。由于井灌区与混灌区之间十分复杂的地质条件，水资源的转化关系不易确定。因此，史银军（2011）基于人工神经网络可以充分逼近任意复杂非线性关系以及可学习、可适应不确定系统的优越性，将人工神经网络方法运用到石羊河流域水资源优化配置的研究中。

四、不确定条件下的优化决策

以往的研究较少考虑系统的不确定性。但随着对问题研究的不断深入，研究对象本身的复杂性不断增强，相关学者逐步意识到水资源规划与配置系统是不确定性的，并由此开始重视和使用更具有优越性的不确定性技术与方法研究水资源优化问题。Fujiwara（1988）在建立机会约束规划模型时，将模型中的主要径流、支流和雨水设定成随机变量，最终确定研究对象处理生产废水的最大经济效益。Jairaj（2000）尝试探讨水资源优化过程中模糊集的概念，并将其应用到水库系统当中，最终使用模糊数学规划处理多水库系统，并通过比较发现，在处理多水库系统时模糊线性规划方法比经典的随机动态规划方法更有优势。金磊（2008）在针对水资源优化配置的不确定性研究时，将区间模糊多阶段方法运用到水资源管理中，开发了二阶段区间参数随机非线性方法解决水资源管理者对多个水库的水资源分配问题。吴丽（2011）提出了以经济效益、产业结构贴近度、用水量为目标的产业结构与用水结构协调的多目标优化模型，应用模糊多目标决策方法对模型进行求解，并以宁夏地区为对象进行实例研究，验证了该模型及方法的可行性。付银环（2014）运用区间二阶段随机规划的方法，并引入随机数和区间数表示系统中存在的不确定性，将地表水和地下水水资源在不同地区之间进行合理配置，最终构建了灌区水资源优化配置模型。

五、遗传算法优化决策

作为依据适者生存法则和染色体间随机信息交换机制相结合的一种全局寻优搜索算法，遗传算法被广泛应用于水资源优化问题。Morshed（2000）回顾了遗传算法在非线性、线凸、非连续问题中的应用，对改进遗传算法的可能方面进行了研究，并以具有固定和变化特点的非线性地下水优化问题为实例，将改进遗传算法得到的最优解和非线性规划得到的最优解进行了比较分析。Ahmed（2005）运用遗传算法为坐落于 Pagladia 河岸的一个多用途水库求解最优的运行策略。Guan（2008）以美国佐治亚 Savannah 流域为对象，验证了信息不确定条件下遗传算法求解约束优化的有效性。Haddad（2009）则以非凸集为假设，研究了水电站水库优化调度问题。在国内学者所做研究中，Cai（2001）在求解大型非线性水资源配置模型时，由于认识到传统的非线性规划模型或者找不到可行的解决方案或者收敛到局部的解决方案，将遗传算法和线性规划法结合，最终求解出大型非线性水资源管理模型。何俊仕（2010）在对浑河流域水资源合理配置模型进行研究时，运用遗传算法，采用大系统总体优化配置方法对模型进行求解。娄帅（2013）研究了水资源系统群决策特点，建立多阶段水资源配置群决策优化模型，结合 WAA（Weighted Arithmetic Average）算子和免疫遗传算法对专家决策矩阵进行了拟合，得到最优配置方案。

六、蚁群算法优化决策

蚁群算法是一种用来在图中寻找优化路径的概率型算法。曾有学者将蚁群算法设计的结果与遗传算法设计的结果进行了比较，数值仿真结果表明，蚁群算法具有一种新的模拟进化优化方法的有效性和应用价值。在水资源优化决策中，Zecchin（2006）在研究水资源系统最优配置过程中应用了最大—最小蚁群算法，但同时指出该方法收敛速度慢，需要进一步改善。在国内学者所做研究中，白继中（2011）提出了自适应人工蚁群算法（ARCS），该算法实现了对传统蚁群系统算法模型以及主要计算步骤上的改进，重新设计算法和步骤，克服了传统人工蚁群算法容易陷入局部极值的缺点，提高了人工蚁群收敛速度。侯景伟（2012）结合帕累托蚁群算法（PACA）和遥感技术（RS）求解复杂的水资源配置问题，以经济、社会和环境综合效益最大为目标，构建了基于像元的包含供水量、地下水开采量、需水量和水环境综合评价指数等为约束条件的水资源优化配置模型，结果表明，帕累托蚁群算法能够提高全局搜索能力和收敛速度，改进的帕累托蚁群算法不再受函数目标个数的限制，能更加有效地求解多目标水资源优化配置模型。

本章小结

　　本章从水资源与区域经济发展关系、水资源与产业结构关系以及水资源优化方法三个方面对以往研究区进行了文献综述。已有研究为本书研究内容的展开奠定了坚实的基础。本书在已有研究基础上在以下方面进行了拓展：首先，将区域和产业纳入统一分析框架，在两个维度基础上进行水资源优化决策研究；其次，在京津冀协同发展背景下对北京、天津、河北"两市一省"水资源在区域和产业间优化问题展开针对性研究；最后，分别对经济发展目标、资源集约目标和环境保护目标条件下的京津冀地区水资源优化结果进行比较，并结合市场主导和行政主导的两个案例提出针对性政策建议。

第三章　理论基础

第一节　水资源优化的理论基础与启示

一、生态经济学理论与启示

1. 生态经济学理论

生态经济学是 20 世纪六七十年代产生的一门新兴学科，是研究生态系统和经济系统的复合系统结构、功能及其运动规律的科学。生态经济学研究对象一般具有较强的区域性，往往表现为特定区域内部生态子系统和经济子系统的互动关系。一方面，生态子系统中的土地、森林、草地、河流、湖泊和矿产资源为经济子系统中的人口、社会和经济提供基础物质资源和环境条件，并构成经济子系统的约束；另一方面，经济子系统中的人口生存、社会变革和经济发展又会反作用于生态子系统。经济子系统对生态子系统的反作用可以表现为正、负两个方向。经济子系统"正"的作用表现为通过经济发展和社会进步反补生态子系统，进而形成二者之间的良性互动，达成二者的协调发展；"负"的作用表现为经济子系统对生态子系统的过分掠夺，进而形成恶性互动，最终两个子系统的发展都将表现出不可持续性。

2. 生态经济学理论的启示

水资源兼具生态功能和经济功能，分属生态和经济两个子系统，既是一种重要的生态因子，又是经济社会发展不可或缺的基础资源。

如图 3-1 所示，水资源具有生态环境功能，可以发挥生态效益。水是世界上一切生物的生命源泉，水资源对维护生态多样性具有决定性意义。此外，水体是一个复杂的生态体系，具有一定的自净功能，对环境净化有重要意义。水还是自然界中热容量最大的物质，是环境气候的调节器。水资源短缺往往会导致森林减少、草场退化、湿地消失、动物生存危机、海水入侵、气候异常等诸多生态问题。同时，水资源还具有经济功能，具有巨大的经济效益。水是人类生存的基础，是农业生产必不可少的基础物质，是工业生产所必需的投入要素，是服务业发展的必要资源。在很多地方，水资源短缺已经成为影响人类生活、制约经济发展、影响社会稳定的主要因素之一。

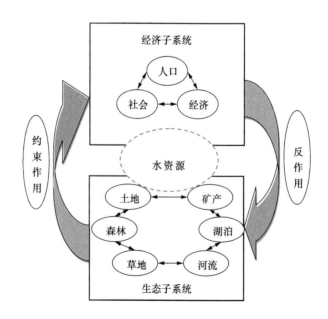

图 3-1 水资源在生态经济系统中的位置

由此，水资源优化问题必须基于生态经济学视角，综合考虑生态子系统和经济子系统二者之间的相互作用关系。因此，也就决定了水资源优化必然是多目标决策过程，其优化方案要受制于多重约束条件，其最优解也必然能够达成经济与环境的协调发展。

二、系统理论与启示

1. 系统理论

一般系统论创始人 Bertalanffy（1987）将系统定义为相互联系、相互作用的诸元素综合体。一个系统的构成必须满足两个条件：集合中必须包含至少两个元素；各个元素按照一定的方式相互联系。系统一般具有以下基本特征：

（1）整体性。整体性意味着系统中各个元素并不是简单的相加关系，而是元素之间的有机结合。且系统的功能、性质和运动规律将表现出与各个元素独立时不同的特性。其形式化描述过程如式（3 - 1）所示：

$$S = \{ q_1, q_2, \cdots, q_n \} \neq q_1 + q_2 + \cdots + q_n \tag{3 - 1}$$

式（3 - 1）中，S 代表系统，q_i 代表系统中的第 i 个元素（i = 1，2，⋯，n）。且一般情况下存在如式（3 - 2）所示：

$$S = \{ q_1, q_2, \cdots, q_n \} > q_1 + q_2 + \cdots + q_n \tag{3 - 2}$$

式（3 - 2）意味着由 n 个元素构成的系统功能一般情况下将大于 n 个元素功能的简单加总。

（2）相关性。虽然系统中的各个元素是彼此独立的，但相互之间又是相互联系、相互依存和相互制约的。其形式化描述过程如式（3 - 3）所示：

$$\frac{\partial S}{\partial q_i} = f_i(q_1 + q_2 + \cdots + q_n) \tag{3 - 3}$$

式（3 - 3）表明，对于系统 S 中的任意元素，一阶偏导数都是关于系统中所有元素的函数。也就是说，系统中任意元素都受其他元素的影响，同时，该元素也会影响系统中的其他元素。

（3）动态性。系统本身不是一成不变的，它将随着时间的推移发生改变。

或者说，系统既是关于各个元素及其相互关系的函数，又是关于时间的函数。其形式化描述过程如式（3-4）所示：

$$S = S(t) = \{q_1(t), q_2(t), \cdots, q_n(t)\} \qquad (3-4)$$

其中，t 为时间。

（4）层次性。一个系统由若干个元素组成，而这些元素构成子系统，这些子系统又可细分为若干孙系统，直至无穷。由此，系统、子系统、孙系统之间组成垂直的层级关系；若干子系统之间或孙系统之间组成平行的层级关系。最终，如图 3-2 所示，整个系统将形成纵横交错、关系复杂的网络结构。

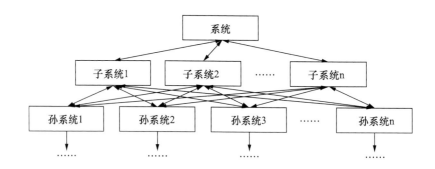

图 3-2 系统的层次性

（5）目标性。任何系统都因特定的功能形成特定的目标。系统作为总体具有总目标，各子系统往往又具有各自的分目标。总目标与分目标之间有时是统一的，有时是矛盾的。当发生矛盾时，就需要利用一定的方法和手段对系统加以协调，使得分目标服从总目标。

（6）主导性。在有些情况下，各个元素对于整体系统的影响并不是完全一致的，其中一个或几个元素将居于主导地位，另外的一些元素可能对系统就不那么重要，处于非主导地位。如果系统 S 中的第 i 个元素是主导元素，则形式化描述过程如式（3-5）所示：

$$\frac{\partial S}{\partial q_i} = f_i(q_1 + q_2 + \cdots + q_n) = a_i q_i + a_i q_i^2 + \cdots \qquad (3-5)$$

其中，a_i 为参数。

2. 系统理论的启示

水资源优化问题需要从系统论的角度进行考虑与研究。

第一，水资源优化问题本身就是研究如何在一个由经济、社会和环境所组成的复杂系统中求得水资源配置的最优解。因此，水资源优化需要处理好多种目标之间的关系，最终增加系统整体功能，求得系统整体效益的最大化。

第二，水资源优化系统中的经济、社会和环境三个子系统之间相互影响、相互作用、相互制约。经济增长对水资源的需求可能在短期内恶化水环境，追求生态环境目标又可能需要以牺牲暂时的经济利益为代价。因此，进行水资源优化时需要综合考虑各个子系统之间的相互作用，进行统筹安排。

第三，系统论还要求基于动态思维视角对水资源优化问题加以研究。随着区域经济的发展，区域产业结构及与水资源相关的其他变量处于动态调整之中。现行最优并可行的水资源优化方案可能随着时间的推移变得不适应系统要求。因此，需要在对相关变量进行准确预测的基础上，以未来某一时间为节点求解新的水资源优化结果，并随着客观条件的变化不断对方案进行再优化。

第四，水资源优化是一个层次复杂的复合系统，经济、社会、环境三者构成水资源优化的子系统，而子系统又可以进一步分解到更低层级。以京津冀地区水资源优化为例，优化过程中的经济系统又可将其分解为北京市、天津市和河北省三个地区层级的经济系统，而地区层级的经济系统又可分解为各自地区内部三次产业的产业系统，产业系统的细分结果是行业系统，以此类推，最终将分解到微观的生产企业。因此，系统的层次性要求在进行水资源优化时，要综合考虑各个层次之间相互关系，并在优化方案执行过程中进行分层管理。

第五，同一个系统可能同时具有多重目标，并与系统的结构层次相对应，这些目标之间可能是矛盾的。在水资源优化过程中，经济系统目标是实现 GDP 的快速增长和收入水平的快速提高；社会系统目标是满足生活用水需求和粮食生产安全；环境系统目标是减少生产和生活中废水系统、COD 排放，维系生物群落生存和生态环境质量。虽然水资源优化子系统之间的目标不尽相同，但子系统目标应该服从于系统总目标，兼顾经济发展、资源集约和环境保护，最终实现水资源的可持续利用。

第六，水资源优化过程中有多个变量将影响总目标的实现，但这些变量的权重并非完全相同。例如，一般情况下，三次产业中的第一产业用水将占到用水总量的一半以上，因此，第一产业将对水资源集约目标的实现具有相对更强的主导作用。同时，第二产业中的造纸及纸制品业，化学原料及化学制品制造业，皮革、毛皮、羽毛（绒）及其制品业都属于高污染行业，减少上述行业在区域生产总值中的比重对环境保护目标的实现更具重要意义。

综上所述，系统理论要求在处理水资源优化问题过程中，要从系统整体考虑问题，充分研究优化系统内部各个层级以及变量之间的相互作用，处理好子系统分目标与总体目标之间的关系，重视影响总体目标实现的主导变量，并根据时间和周边环境的变化对系统本身进行动态调整，以达成经济发展、资源集约和环境保护三者之间的协调与兼顾。

三、博弈理论与启示

1. 博弈理论

博弈理论的诞生以 1944 年冯·诺依曼和奥·摩根斯坦共同发表的《博弈论和经济行为》为标志，并随着理论不断深入被广泛应用于经济学和管理学研究之中。博弈论的研究对象是在许多人参与的活动中，由各自策略形成的求其最大利益的相互依存关系。水资源优化过程涉及多个行为主体，其中既包括地区主体，又包括产业主体。但是，无论是地区还是产业，它们都是通过选择行为或战略使自身利益水平最大化的参与方。因此，相互之间也就存在着由不同战略及其对应结果构成的博弈关系。水资源优化模型求得的结果是理论最优解，最优解在现实中转化为可操作性的实施方案还需要博弈参与方之间合作关系的达成。

在完全信息重复博弈中，对于某一参与方，如果自己背叛对方合作的收益为 T（Temptation），自己合作对方背叛的收益为 S（Sucker），双方都合作的收益为 R（Reward），双方都背叛的收益为 P（Punishment），则会存在以下一组模型：

模型1：$T > R > P > S$，且$R > \dfrac{T+S}{2}$。

模型2：$T > R > P > S$，且$R \leqslant \dfrac{T+S}{2}$。

模型3：$T > P > R > S$，且$P > \dfrac{T+S}{2}$。

模型4：$T > P > S > R$，且$P \leqslant \dfrac{T+S}{2}$。

其中，模型1和模型2都表明，对于任意参与方存在"自己背叛对方合作 > 双方都合作 > 双方都背叛 > 自己合作对方背叛"。不同之处在于，模型1中"双方合作"的奖励优于"自己背叛对方合作"及"自己合作对方背叛"的平均收益，该种博弈被称为"标准囚徒困境"；模型2中"双方合作"的奖励至少不优于"自己背叛对方合作"及"自己合作对方背叛"的平均收益，该种博弈被称为"修正囚徒困境"。"标准囚徒困境"中的博弈参与方会自动达成合作。"修正囚徒困境"意味着"这次你帮我，下次我帮你"比相互不合作效果要好，因此理性的参与方也会选择合作策略。模型3表明，对于任意参与方存在"自己背叛对方合作 > 双方都背叛 > 双方都合作 > 自己合作对方背叛"，且"双方都背叛"的奖励优于"自己背叛对方合作"及"自己合作对方背叛"的平均收益，该种博弈被称为"厨师困境"。在"厨师困境"之中，虽然同步合作不会使参与方受益，但非同步合作仍然是理性选择，达成合作的基础仍然存在。模型4表明，对于任意参与方存在"自己背叛对方合作 > 双方都背叛 > 自己合作对方背叛 > 双方都合作"，且"双方都背叛"的奖励至少不优于"自己背叛对方合作"及"自己合作对方背叛"的平均收益，该种博弈被称为"弱厨师困境"。此时，非同步合作也仍然是理性的策略选择。

2. 博弈理论的启示

完全信息重复博弈理论可以解释水资源优化过程中，参与方之间合作关系形成的条件：只要其中一方可能具有水资源数量优势，另一方具有水资源利用效率优势，那么，进行水资源优化合作就是一种"纳什均衡"。

如图 3-3 所示，流域中存在 A 和 B 两个地区。A 地区具有较为丰富的水资源，但消耗单位水资源的产出水平较低；B 地区水资源较为短缺，但消耗单位水资源的产出水平较高。横轴 O_1O_2 表示 A、B 两地的水资源总量，为一个常数。纵轴 MR_i 和 MC_i 表示消耗水资源带来的边际收益和边际成本（$i = 1，2$，$i = 1$ 为 A 地区对应的相关变量；$i = 2$ 为 B 地区对应的相关变量）。基于水资源利用效率的假设，B 地区消耗既定水资源的边际收益高于 A 地区，因此有 $MR_2 > MR_1$。

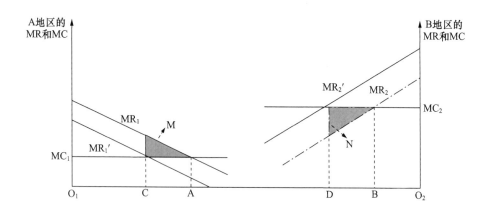

图 3-3　水资源优化纳什均衡的形成过程

考虑 B 地区水资源的稀缺性，假设存在 $MC_1 < MC_2$。不同时期两地区的水资源消耗水平及其经济收益如下：

在第 t_1 期，根据利润最大化原则 $MR = MC$，A 地区污染物最优排放量为 O_1A，B 地区污染物最优排放量为 O_2B，区域水资源总消耗为 $TE_1 = O_1A + O_2B$。

在第 t_2 期，如果 A 地区减少水资源使用，消耗量由 O_1A 下降至 O_1C，与水资源相关的边际收益由 MR_1 下降至 MR_1'，阴影面积 M 表示其行为的产生损失。在没有外部激励条件下，A 地区显然缺乏减排的动机。但在 B 地区给予其补偿的情况下，动机缺乏的问题就可以解决。具体来讲，A 地区可将 AC 单位的水资源作为商品出售给 B 地区，使 B 可利用水资源数量由 O_2B 增加至 O_2D（$AC = BD$）。B 因水资源增加使得边际收益曲线上移至 MR_2'，从而可获得 N 单位的收益。在给予 A 地区 M 单位的经济补偿后，双方还会产生（N－M）单位的增量收益，此时的帕累托改进是存在的。因此，只要双方存在水资源禀赋和使用效率上的差异，合作就是双方博弈之后应该达成的"纳什均衡"。

当然，为了使合作策略成为一种"稳态"，避免"机会主义行为"对水资源优化方案实施的干扰，还应该建立相应的保障机制。例如，需要协商机制对水资源优化配置的具体数量和补偿金额进行具体确定，需要监督机制对不按照约定转让水资源或支付补偿资金的一方及时给予惩罚，需要仲裁机制对相关方争议予以调解和仲裁等。最终，保障水资源优化方案在实践中得到有效实施。

第二节 区域产业结构的理论基础与启示

一、区域产业结构形成理论与启示

1. 区域产业结构形成理论

（1）比较优势理论。英国经济学家大卫·李嘉图于 1817 年出版的《政治经济学及赋税原理》一书中首次阐释了比较优势理论的基本思想，并非常有效地解决了亚当·斯密绝对优势理论中生产效率没有绝对优势国家之间如何进行贸易的问题。其核心思想是，即使一国在两种商品生产上较之另一国均处于绝对劣势，但只要处于劣势的国家在两种商品生产上劣势的程度不同，其在劣势较轻的商品生产方面具有比较优势；反之，优势国家在优势更为明显的商品生产方面具有比较优势。两个国家专注于生产具有比较优势的商品，则双方都可从贸易中获益。在产业经济学中，虽然比较优势理论最初被用于解释区域产业分工差异性的存在，但是，正是由于区域产业分工的不同才会形成各自不同的区域产业结构，也才给同一区域内部不同地区主体间产业互补性的形成提供前提条件。或者说，区域产业分工是"因"，区域产业结构是"果"。用于解释分工问题的比较优势理论同样可以作为基础理论被用于解释区域产业结构的形成。

（2）赫克歇尔—俄林理论。赫克歇尔—俄林理论主要基于生产要素视角解释分工的形成。其核心思想是各国将专注于生产那些要素相对丰富的商品，而向其他国家购买其要素相对短缺的商品。该理论从要素禀赋结构差异以及由这种差异所引致的要素购买成本差异方面来解释贸易发生的原因和分工的依据，并较好地克服了比较优势理论过于关注生产效率而忽视自然禀赋的弊端。与比较优势理论相似，在产业经济学中用于解释产业分工的赫克歇尔—俄林理论也同样能够很好地说明区域产业结构形成过程。例如，香港地区由于区位和劳动力素质优势，产业结构中以国际航运和金融服务业为主的第三产业相对发达；中国经济发展最快的内蒙古呼包鄂经济区由于煤炭、天然气等资源禀赋优势，以采掘和化工为代表的重工业增长速度极快。因此，根据赫克歇尔—俄林理论，一个国家或地区的产业结构最终表现为生产要素的禀赋优势。或者说，生产要素禀赋是决定产业结构形成的关键因素。

（3）规模经济理论。随着经济发展和收入水平的提升，消费者对于商品的需求偏好会越来越呈现多元化和个性化。消费者对于差异产品的追求要求进行小批量、异质性产品的生产。与此同时，在供给侧只有进行大批量、规模化的生产活动才能提升生产效率，降低生产成本。由此，在消费者需求偏好和生产者生产方式之间就会产生巨大矛盾。为了解决这一矛盾，最好的方法就是进行供给侧的产业分工，即处于不同地区企业仅大批量生产特定品种的商品，然后通过地区间商品贸易，在兼顾规模经济的基础上满足消费者的个性化需求。基于规模经济理论，各个地区往往会专注于生产特定类型品种的商品，并由此形成一定范围内的产业聚集，进而在地区之间形成差异化的产业结构。

2. 区域产业结构形成理论的启示

首先，通过比较优势理论可以厘清区域产业结构与水资源优化关系。根据该理论，即使区域内部地区之间水资源禀赋条件是相似的，或者可以通过跨地区调水消除水资源禀赋的先天差异，只要在与生产相关的其他要素方面存在不同，地区间产业结构的差异性仍然可能存在。以北京市和河北省为例，由于两地同属海河流域，完全可以通过流域内部调水措施抹平两地在水资源禀赋上的差异。但是，这并不意味着两地将拥有相同的产业结构。除水资源外，北京市劳动力素质较河北省更具优势，因此，北京市有必要优先发展以金融业、计算机服务和软件业为代表的知识密集型现代服务业。同时，为弥补人口众多的北京市在第一产业上的短板，从区域整体发展考虑，河北省有必要承担起北京市农业基地的责任，大力发展现代农业，进而形成京冀两地产业优势互补和经济一体化。因此，区域水资源优化没有必要进行简单的"一刀切"和"齐步走"，应该基于比较优势所形成的产业结构差异性进行水资源的差异化安排。或者说，区域水资源优化应该服从产业结构，而不是本末倒置。

其次，赫克歇尔—俄林理论能够很好地解释水资源对区域产业结构形成的作用。在水资源日益短缺及其对经济发展约束日益增强的背景下，无论对于地区还是产业发展，水资源的要素属性越发明显。赫克歇尔—俄林理论意味着只要区域内部不同地区之间具有不同的水资源禀赋条件，那么，就会形成不同的产业结构。水资源短缺地区在农业生产中必然优先种植适于干旱地区生长的农作物，在工业生产中又必然要求降低高耗水行业比重，优先发展水资源集约型经济。因此，先天自然禀赋的差异性决定了产业结构的差异性。这种基于资源禀赋形成的区域产业结构差异性，为区域水资源优化方案的形成和路径的选择提供了重要参考。

二、区域产业结构演化理论与启示

1. 区域产业结构演化理论

（1）配第—克拉克定律。英国古典经济学家威廉·配第于 1672 年出版的《政治算术》一书中通过对荷兰和法国两个国家经济发展状况的考察，对农业、工业和商业三者之间创造财富的多寡进行了比较，得出了商业收入优于工业、工业收入又优于农业的结论。20 世纪 50 年代，英国经济学家科林·克拉克基于配第的思想和三次产业划分方法，通过对 40 多个国家和地区不同时期三次产业劳动投入和总产出之间关系，总结出了国民收入水平与三次产业之间的变动关系：

随着一个国家经济发展和收入水平提高，第一产业劳动力人数逐步下降，第二产业和第三产业劳动力人数逐步上升。也就是说，随着经济发展程度的提高，主导产业结构存在着由第一产业向第二产业，进而再向第三产业转移的过程。

表 3 - 1　2008 年各国国内生产总值产业构成

国家和地区	第一产业比重（%）	第二产业比重（%）	第三产业比重（%）
世界	3	28	69
最不发达地区	25.1	28.9	46.1
中等偏下收入国家	13.7	40.8	45.5
中低收入国家	10.5	36.6	52.9
中等偏上收入国家	6	32.6	61.4
高收入国家	1.4	26.1	72.5
中国	11.3	48.6	40.1

资料来源：根据世界银行 WDI 数据库资料整理而得。

现实经济中，配第一克拉克定律可被大量的经济数据证明。如表 3 - 1 所示，世界银行公布的 2008 年世界国内生产总值产业构成信息显示，最不发达地区第一产业产值占比为 25.1%，而高收入国家仅为 1.4%。与之相反，高收入国家第三产业比重一般在 70% 以上，最不发达国家和中等偏下收入国家低于 50%。

配第一克拉克定律不仅可以用于解释国家层面的产业结构演进趋势，区域产业结构演化大体也符合该规律。图 3 - 4 显示了北京市 2004 ~ 2014 年第三产业产值占地区生产总值比重的变化。随着经济的发展，北京市第三产业比重呈现较为明显的上升趋势，由 68% 左右提升至 75% 以上，而同期第一产业在地区生产总值的占比仅不到 1%。

（2）库兹涅茨定律。美国经济学家西蒙·库兹涅茨通过探讨一个国家人均国民收入水平不断提高条件下产业结构的变动趋势，提出了著名的库兹涅茨定律：随着经济的发展，第一产业产值在国民收入中的比重与第一产业劳动力在全部劳动力中的比重都将不断下降；在工业化初期，第二产业产值及从事该产业劳

动力比例将上升，且产值比重上升速度更快；在工业化后期，第二产业产值及从
事该产业劳动力比例将呈现下降趋势；第三产业产值比重和劳动力比重会随着经
济的发展而持续上升。

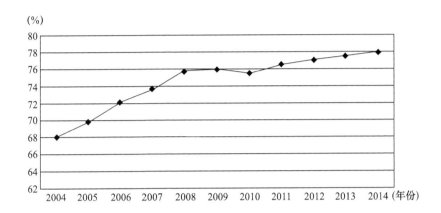

图 3 - 4　2004 ~ 2014 年北京市第三产业产值比重

资料来源：2005 ~ 2015 年《北京市统计年鉴》，经整理而成。

库兹涅茨定律不仅能够解释三次产业之间产值比重的变化，也能用于解释产
业内部不同行业部门之间产值的变化规律：随着工业化程度的加深，重工业将替
代轻工业成为增长速度最快的行业。

以 2014 年和 2004 年我国规模以上工业企业各行业产值比重为例，如表 3 - 2
所示，10 年间共有 12 个行业产值比重上升，24 个行业产值比重下降。产值比重
下降行业主要集中在烟草制品，纺织，皮革、毛皮、羽毛（绒）及其制品，家
具制造，造纸等传统轻工行业。其中，较为典型的是纺织业，在 10 年时间内其
在规模以上工业企业所占比重由 5.24% 下降至 0.31%，呈现大比例萎缩态势。
与此同时，以重工业和交通运输设备制造为代表的与现代技术联系较为紧密的新
兴行业产值比重呈现上升趋势。例如，煤炭开采和洗选业占比扩张了 4.59%，石
油和天然气开采业扩张了 1.54%，石油加工、炼焦及核燃料加工业扩张了
5.75%，金属制品业扩张了 6.98%，最高的电力、热力的生产和供应业占比扩张

了 11.3%。上述数据从一个侧面说明了库兹涅茨定律在我国的产业结构演进过程中的适用性。

表 3 - 2　2014 年和 2004 年我国规模以上工业企业各行业产值比重对照①

行业	2014 年总产值（亿元）	行业所占比重（%）	2004 年总产值（亿元）	行业所占比重（%）	变动方向
全国总计	844268.79	100	222315.93	100	
煤炭开采和洗选业	19053.90	6.72	4735.20	2.13	+
石油和天然气开采业	10255.46	3.62	4630.17	2.08	+
黑色金属矿采选业	1664.04	0.59	980.93	0.44	+
有色金属矿采选业	1813.79	0.64	913.53	0.41	+
非金属矿采选业	498.53	0.18	1151.50	0.52	−
农副食品加工业	3360.12	1.18	9543.82	4.29	
食品制造业	1056.78	0.37	3288.25	1.48	
饮料制造业	2840.15	1.00	2737.09	1.23	
烟草制品业	8228.93	2.90	2597.21	1.17	+
纺织业	880.35	0.31	11655.12	5.24	
纺织服装、鞋、帽制造业	195.77	0.07	4668.52	2.10	−
皮革、毛皮、羽毛（绒）及其制品业	108.72	0.04	3133.23	1.41	−
家具制造业	96.40	0.03	1495.46	0.67	−
造纸及纸制品业	966.54	0.34	3971.24	1.79	
印刷业和记录媒介的复制	511.95	0.18	1744.24	0.78	−
文教体育用品制造业	539.34	0.19	1428.45	0.64	−
石油加工、炼焦及核燃料加工业	27924.92	9.84	9088.84	4.09	+
化学原料及化学制品制造业	13314.89	4.69	14027.74	6.31	−
医药制造业	2397.85	0.85	3365.85	1.51	
化学纤维制造业	469.33	0.17	1994.19	0.90	
橡胶制品业	1306.42	0.46	2047.60	0.92	

①　2013 年开始，《中国统计年鉴》不再公布当年工业总产值数据。但 1998～2011 年相关数据显示，规模以上工业企业工业增加值与主营业务收入相关性达到 0.99%，因此此表用 2014 年当年的主营业务收入数据替代工业总产值数据。

续表

行业	2014 年总产值（亿元）	行业所占比重（%）	2004 年总产值（亿元）	行业所占比重（%）	变动方向
塑料制品业	4628.99	1.63	5253.29	2.36	−
非金属矿物制品业	25089.79	8.84	9951.20	4.48	+
黑色金属冶炼及压延加工业	15520.52	5.47	17309.81	7.79	−
有色金属冶炼及压延加工业	2236.46	0.79	6244.08	2.81	−
金属制品业	27924.92	9.84	6359.66	2.86	+
通用设备制造业	4895.25	1.73	10270.75	4.62	−
专用设备制造业	5436.36	1.92	5824.81	2.62	−
交通运输设备制造业	33562.29	11.83	14538.43	6.54	+
电气机械及器材制造业	5163.25	1.82	12036.69	5.41	−
通信设备、计算机及其他电子设备制造业	6575.44	2.32	22594.03	10.16	−
仪器仪表及文化、办公用机械制造业	863.77	0.30	2408.83	1.08	−
废弃资源和废旧材料回收加工业	218.66	0.08	260.52	0.12	−
电力、热力的生产和供应业	51050.80	18.00	14904.26	6.70	+
燃气生产和供应业	2024.93	0.71	437.98	0.20	+
水的生产和供应业	1003.75	0.35	590.92	0.27	+

注：表中"＋"代表行业产值比重上升，"－"代表行业产值比重下降。

资料来源：2014 年和 2005 年《中国统计年鉴》，经整理而成。

（3）赤松要的雁行模式。日本经济学家赤松要根据产品生命周期的演进过程提出了国际间产业转移的雁行模式。其核心思想是某国先发展某一产业，当技术成熟时，该产业竞争力在该国转弱，与之相邻的国家将承接移转技术或产业转移，前一国家产业结构将升级到另一层级。也就是说，一国经济将经历"进口—国内生产（进口替代）—出口"的三阶段发展模式：第一阶段，发展中国家在经济发展初期由于国内生产力水平低下，生产基础设施设备不健全，产业结构也相对单一，需要从国外大量进口商品才能满足国内市场的基本需求；第二阶段，伴随着进口商品的大量进入，先进的生产技术和生产设备也进入发展中国家，再加上其自身拥有的劳动力成本或自然资源等方面的优势，发展中国家会扩大相关商品在本国内生产的比重，逐步形成进口替代；第三阶段，由于发展中国家往往具有劳动力成本优势，随着技术水平和管理水平的提升，生产效率逐渐提高，产品竞争力逐渐加强，提升了该产品在跨区域市场的竞争优势，相关产品开始出口到国际市场。此后，赤松要和小岛清等学者对雁行理论进行了进一步完善，将三阶段理论发展到"进口—国内生产（进口替代）—出口—成熟—反进口"的五阶段理论。

虽然赤松要的雁行模式最初被广泛用于研究国际间的产业转移与升级过程，但该理论对某一区域产业结构演进过程也能给出很好的启示。例如，同处某一经济区的A、B、C三个地区，对于特定产业I而言，其在各地区经济总量所占比重如图3－5所示。A为区域经济发达地区，初始阶段I产业在经济总量中所占比重逐步上升，但当经济发展到一定阶段，由于边际收益的递减，I的产值比重逐步下降；此时，与之相邻且经济相对欠发达的B地区承接了I的产业转移，该产业在地区经济中所占比重逐步上升，直到顶点的出现；最终，I产业将转移至经济更为欠发达的C地区，C地区产业结构将经历与A地区和B地区相似的演进过程。

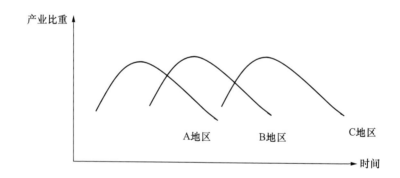

图3－5 特定产业在不同地区演进过程

赤松要的雁行模式也可用于描述特定地区不同产业的结构演进过程。如图3－6所示，对特定的经济区X而言，在经济发展初期，第一产业产值比重相对较高；但是，随着经济的发展和劳动生产效率的提高，第一产业比重将呈现逐步下降的趋势，与之相伴，第二产业将占据区域经济的主导地位；在经济高度发达阶段，第二产业比重将经历与第一产业相似的萎缩过程，此时，以服务业为主的第三产业将成为区域经济新的主导产业。

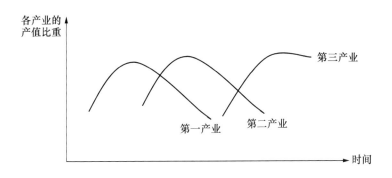

图3－6　特定地区三次产业演进过程

2. 区域产业结构演进理论的启示

（1）配第一克拉克定律和库兹涅茨定律能够很好地说明水资源产业间优化的一般规律。随着经济发展，第一产业水资源使用量所占比重将逐步下降，第二产业水资源使用量所占比重将逐步上升。在第二产业中，初始阶段轻工业水资源使用量比重较高，但后期随着重工业化阶段的来临，重工业用水需求增加。此时，由于与重工业相关的行业都是用水大户，这一阶段水资源短缺矛盾表现往往最为突出。最终，在经济高度发达阶段，第三产业将在国民经济或地区经济中占据主导地位，其用水量也相应增加。但是，由于第三产业单位产值对应水资源使用量明显低于其他产业，此时水资源与经济发展矛盾将逐步缓和。上述趋势性变化基本反映了水资源产业间优化的一般规律，是制定水资源产业优化方案的重要依据。

（2）赤松要的雁行模式理论也能够较为充分地解释水资源在地区和产业之间的优化路径。首先，对于水资源的地区间优化而言，假设图3－5中所提及的Ⅰ产业对水资源具有较大需求，随着Ⅰ产业在A、B、C三地区间的转移，水资源也需要相应地在三地区间进行重新优化，或者说，水资源需要随着区域产业的转移而转移。其次，对于水资源的产业间优化而言，假设图 3 – 6 中经济区 X 的主导产业经历了由"第一产业→第二产业→第三产业"的演变过程，那么基于时间维度考虑，水资源也将随着产业结构的调整而在不同产业之间进行重新配置，进而产生水资源在不同产业之间进行优化的客观需要。因此，赤松要的雁行模式不仅是区域产业结构演化理论的重要分支，对研究水资源在多地区和多产业之间的优化规律也具有重要的参考价值。

本章小结

　　本章对与京津冀地区水资源优化研究相关的经典理论进行了介绍和评述，并提出了相应的启示。本章首先从生态经济学、系统论和博弈论三方面介绍了水资源优化的理论基础，并就此提出水资源优化模型建立、模型求解及方案实施过程中的一般原则和实施条件。在区域产业结构的理论基础中，本章利用比较优势理论、赫克歇尔—俄林理论、规模经济理论解释了区域产业结构的形成原因，利用配第—克拉克定律、库兹涅茨定律和赤松要的雁行模式描述了区域产业结构的演化过程，并就此对区域产业结构与水资源优化之间的关系及其优化规律进行了分析。此外，本章内容为本书后续开展研究奠定了理论基础。

第四章　京津冀地区水资源评价

第一节　京津冀地区水资源总量评价

一、关于所处流域情况的评价

京津冀地区大部分隶属于海河流域。如图 4-1 所示，海河流域包括海河、滦河和徒骇马颊河三大水系、七大河系、10 条骨干河流。其中，海河水系是主要水系。海河流域总面积为 31.79 万平方千米，占全国总面积的 3.3%，包括北京、天津两市，河北省绝大部分，山西省东部，山东、河南省北部，以及辽宁省和内蒙古自治区的一部分。其中，京津冀地区面积占海河流域总面积的 62.8%，包括北京市和天津市的全部，河北省面积的 91.5%。

根据《2013 年海河流域水资源公报》，海河流域当年平均降雨量为 547.7 毫米，地表水资源量为 176.20 亿立方米，地下水资源量为 259.68 亿立方米，全流域共计 146 座大、中型水库年末蓄水总量为 93.01 亿立方米。各种水利工程总供水量为 370.85 亿立方米，其中，地表水仅占 1/4 左右，其他主要依赖于地下水开采。全流域用水总量为 370.85 亿立方米，其中农业用水接近 60%，工业用水和生态用水比例分别为18.3%和19.5%。经济社会发展对于海河流域水资源的需求呈现增加态势。此外，如表4-1所示，根据《2014年中国水资源公报》资料进行中国主要水资源一级区水资源量的横向比较可以发现，海河流域地表水资源量为98.0亿立方米，水资源总量为216.2亿立方米，都是全部水资源一级区最低的。地下水资源量为184.5亿立方米，也仅略高于辽河流域。由此可以大致判断，海河流域是中国水资源总量最为匮乏的流域之一。

图4-1 海河流域水系构成示意

资料来源：任宪韶.海河流域水资源评价［M］.北京：中国水利水电出版社，2007.

表 4 - 1　2014 年各水资源一级区水资源量

水资源一级区	降水量（毫米）	地表水资源量（亿立方米）	地下水资源量（亿立方米）	地下水与地表水资源不重复量（亿立方米）	水资源总量（亿立方米）
全国	622.3	26263.9	7745.0	1003.0	27266.9
北方六区	316.9	3810.8	2302.5	847.7	4658.5
南方四区	1205.3	22453.1	5442.5	155.3	22608.4
松花江区	511.9	1405.5	486.3	207.9	1613.5
辽河区	425.5	167.0	161.8	72.7	239.7
海河区	427.4	98.0	184.5	118.3	216.2
黄河区	487.4	539.0	378.4	114.7	653.7
淮河区	784.0	510.1	355.9	237.9	748.0
长江区	1100.6	10020.3	2542.1	130.0	10150.3
其中：太湖流域	1288.3	204.0	46.4	24.9	228.9
东南诸河区	1779.1	2212.4	520.9	9.8	2222.2
珠江区	1567.1	4770.9	1092.6	15.5	4786.4
西南诸河区	1036.8	5449.5	1286.9	0.0	5449.5
西北诸河区	155.8	1091.1	735.6	96.3	1187.4

资料来源：根据《2014 年中国水资源公报》整理而得。

在流域水环境质量方面，在 2013 年评价的 15327.5 公里河长中，海河流域 Ⅰ～Ⅲ类水质占比仅为 33.3%，是中国主要水系中比例最低的，有 48% 的河长为劣Ⅴ类水质。而从全国的平均水平看，对全国 20.8 万千米的河流水质状况评价结果显示，全国 Ⅰ～Ⅲ 类水河长比例为 68.6%，Ⅳ类水河长占 10.8%，Ⅴ类水河长占 5.7%，劣Ⅴ类水河长占 14.9%。海河流域的水体质量也明显差于全国平均水平，是水污染形势最为严重的流域。

二、关于降水情况的评价

包括京津冀地区在内的海河流域属于半干旱、半湿润气候。其中，70%～80% 的降水量集中在每年的 6～9 月，11 月至次年 2 月降水量只占全年的 5% 左右。降水量的季节分布不均衡导致京津冀地区在降水本就不够丰裕的条件下，水资源难以有效储存，年降水量的 75% 以上都没有形成有效地面径流。京津冀地区不仅年内降水季节性明显，而且年际差异也非常巨大。

以北京市为例，1950 ~ 2009 年的 60 年间，北京市的年平均降水量为 602.51 毫米，标准差为 27.51 毫米。其中，最大值为 1959 年的 1406 毫米，最小值为 1965 年的 261.8 毫米，二者相差 1144.2 毫米。此外，如表 4 – 2 所示，进入 21 世纪之后（截至 2009 年）北京市最大降水年份的降水量仅为 483.9 毫米，平均降水量仅为 411.29 毫米，而反映年际变化的标准离差率波幅却达到了 0.588。因此，北京市的降水特征呈现出总量减少、波幅增大的特征。虽然 2010 年之后，北京市降水量有所上升，但与 2000 年之前相比较，仍徘徊在较低水平。从北京市降水量的变化，大致可以窥探出京津冀地区整体变化态势，区域整体的供水形势不容乐观。

表 4 – 2　北京市 1950 ~ 2009 年降水量变化分析

年份	最大值（毫米）	最小值（毫米）	平均值（毫米）	标准差（毫米）	标准离差率
1950 ~ 1959	1406.0	481.6	820.25	284.47	0.347
1960 ~ 1969	913.2	261.8	577.01	198.95	0.345
1970 ~ 1979	779.0	374.2	589.43	135.41	0.230
1980 ~ 1989	721.0	380.7	548.27	121.61	0.222
1990 ~ 1999	813.2	266.9	600.95	160.23	0.267
2000 ~ 2009	483.9	318.0	411.29	241.71	0.588

资料来源：根据相应年份《北京统计年鉴》数据计算整理而成。

三、关于蒸发情况的评价

蒸发量是除降水量外影响区域水资源形成的又一关键因素。相对于降水量，京津冀地区的蒸发量大体保持基本稳定态势。京津冀地区所处的海河流域年平均水面蒸发量介于 850 ~ 1300 毫米，其中，包括京津冀大部分区域的海河平原和山间盆地一般为 1000 ~ 1300 毫米，大于山地地区。

通过计算京津冀地区降水量和蒸发量的比值，可以估算出本地区的干旱指数。当干旱指数大于1时，说明该地区蒸发量大于降水量，属于干旱地区；当干旱指数小于1时，说明该地区降水量大于蒸发量，属于湿润区域。通过计算，京津冀地区干旱指数常年介于1.5～3，属于相对干旱地区。可以说，京津冀地区是除西北内陆河地区外，中国降水数量最低、年际变化最明显、地表蒸发比例最高、有效水资源形成效率最低的区域。

四、关于水资源总量情况的评价

表4-3描述了2000～2014年京津冀地区各地水资源总量情况。数据显示，除2012年之外，京津冀地区年水资源总量介于101.99～215.3亿立方米，均值为173.49亿立方米，占海河流域水资源总量的比值基本介于53%～71%，且没有明显趋势性变化。总体上，京津冀地区水资源总量稳定在全国排名靠后的位置。进一步，从京津冀地区内部看，河北省在京津冀地区水资源总量中的占比约为74%～88%，北京市在京津冀地区水资源总量中的占比约为10%～17%，天津市在京津冀地区水资源总量中的占比在10%以下。

表4-3　2000～2014年京津冀地区水资源总量表

年份	北京市（亿立方米）	天津市（亿立方米）	河北省（亿立方米）	京津冀地区总计（亿立方米）	占海河流域比值（%）
2000	16.9	3.14	140.4	160.44	59.71
2001	19.2	5.66	106	130.86	65.40
2002	16.11	3.67	82.21	101.99	64.49
2003	18.4	10.6	145.26	174.26	54.43
2004	21.35	14.31	148.69	184.35	61.49
2005	23.18	10.63	127.68	161.49	60.38
2006	22.07	10.11	102.98	135.16	61.50
2007	23.81	11.31	116.16	151.28	61.03
2008	34.21	18.3	155.26	207.77	70.55
2009	21.84	15.24	138.01	175.09	67.33

续表

年份	北京市 （亿立方米）	天津市 （亿立方米）	河北省 （亿立方米）	京津冀地区 总计（亿立方米）	占海河流 域比值（%）
2010	23.08	9.20	131.15	163.43	53.36
2011	26.81	15.37	152.87	195.05	65.49
2012	39.5	32.9	235.5	307.9	82.82
2013	24.8	14.6	175.9	215.3	58.05
2014	20.3	11.4	106.2	137.9	63.78

资料来源：根据 2000~2014 年《海河流域水资源公报》整理而成。

从人均水平看，京津冀地区水资源短缺问题更为严重。《中国统计年鉴》（2015）数据显示，2014 年末京津冀地区总人口数为 11053 万人，人均水资源量为 230.16 立方米，仅为全国平均水平的 8.7%、世界平均水平的 3%。

五、京津冀地区水资源总体特征

1. 流域水资源总量匮乏，质量偏差

京津冀地区几乎全部处于海河流域。由于自然地理因素的影响，海河流域水资源总量整体匮乏，是中国全部水资源一级区中水资源蕴含量和人均水资源占有量最少的流域。与此同时，由于社会经济的高速发展和高污染产业比重过高，海河流域也是整体水质最差的流域。因此，京津冀地区所面临的水资源整体形势非常严峻。

2. 降水量少，蒸发量大，时间分布不均匀

由于地理、气候等因素影响，京津冀地区历年的降水量都大于蒸发量，每年仅有约 1/5 的降水量能够形成有效地面径流，干旱指数是除西北内陆地区之外最高的。同时，京津冀地区降水年际变化巨大，而且降水量的 3/4~4/5 集中在 7~8 月的主汛期，且往往形成于几次降雨过程。降雨的时间分布特征易于造成洪涝灾害发生，洪水大部分只能下泄入海，在水资源总量中可被真正有效利用的比例极低。

3. 水资源总量不足,人均占有量低

京津冀地区一方面人口众多,经济发展水平相对较高,但另一方面水资源总量和可利用量相对不足,进而造成人均水资源占有量极为有限,是中国人均水资源占有量最低的地区。人均水资源占有量低已经成为制约京津冀地区经济和社会发展的主要瓶颈之一。

第二节 京津冀地区供水评价

一、关于供水总量情况的评价

所谓供水量是指通过供水工程设施,可供生产、生活、生态所利用的水量,一般主要由地表水和地下水两部分组成,是水资源总量中可被消耗利用的部分。

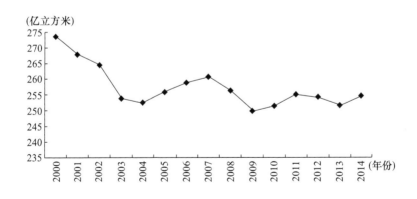

图 4-2 2000~2014 年京津冀地区供水总量变化趋势

资料来源:根据 2001~2015 年《中国统计年鉴》整理而成。

图 4-2 反映了 2000~2014 年京津冀地区供水总量的变化趋势。其中,年供水量最大值为 2000 年的 273.5 亿立方米,最小值为 2009 年的 249.85 亿立方米,

均值为 257.29 亿立方米，标准差为 7.33 亿立方米，标准差系数为 0.028。年际间变化幅度明显小于水资源总量变化。此外，需要注意的是，京津冀地区供水量并没有随着社会经济的发展出现增长态势，2000~2004 年京津冀地区供水量呈单边下降趋势，由 273.5 亿立方米减少至 252.51 亿立方米，2005~2006 年虽有所反弹，但自 2007 年开始再次呈现减少趋势，至 2014 年末降至 254.4 亿立方米，较 2000 年减少了约 7%。截至 2014 年末，京津冀地区总人口和 GDP 总量（按照当年价格计算）分别较 2000 年增加了 21.1% 和 585%。因此，水资源的供需矛盾十几年间不仅没有得到很好的解决，反而加深趋势愈加突出。

二、关于供水来源情况的评价

区域供水总量主要由地表水和地下水两部分组成。根据 2000~2014 年京津冀相关资料分析，在区域供水总量中，地表水约占 1/4，地下水约占 3/4。相关数据显示，在南方各级行政区域中，地表水来源能够占到 90% 以上。在全国供水总量中，也有 80% 左右源于地表水。由此可见，京津冀地区对地下水的依赖态势十分明显。

此外，图 4-3 反映的是北京市、天津市和河北省三地区供水量中地表水来源与地下水来源之间的比例关系。相关数据显示，北京市供水来源更多地依赖于地下水，地表水与地下水的平均比值为 0.35，最低比值为 2004 年的 0.21。河北省地表水与地下水来源比例关系相对稳定，且比值结果也小于 1，在水资源供应

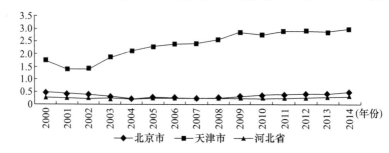

图 4-3　2000~2014 年北京市、天津市和河北省供水来源比例

资料来源：根据 2001~2015 年《中国统计年鉴》计算整理而成。

总量中大约有 4/5 源于地下水。而天津市情况正好与京冀两地相反，每年约有 60%～70% 的供水来源于地表水，且其占比仍呈现逐年上升趋势。

三、关于供水地区差异情况的评价

从京津冀地区内部地区间的分布看，在京津冀地区的供水总量中，河北省占比最大，占全部供水量的 3/4 左右；北京市次之，约占 15%；天津市占比最低，不足 10%。另外，相关数据还显示，京津冀地区各地区之间的水资源分布年际变化趋势并不明显，基本保持稳定的比例关系。

综上所述，随着经济的增长和人口的增加，京津冀地区供水总量水平却没有出现相应的提升，水资源与社会经济发展的矛盾不仅未能得到有效的缓解，在一定程度上还呈现加深。从供水的来源结构上看，地下水源约占京津冀地区 3/4 的供水来源，区域整体对于地下水依赖态势明显。从地区结构上看，截至 2014 年末，河北省人口占区域总人口的 66.8%，GDP 产值占区域总量的 44.26%，而用水量却占到 75.79%，占据了京津冀地区供水总量的大部份额。

四、京津冀地区供水特征

1. 供水紧张矛盾日益突出

京津冀地区供水量并没有随着本地区经济和社会发展水平的提高而增加，京津冀地区供水紧张的矛盾不仅没有得到有效缓解，反而愈加明显，水资源供需之间的矛盾可能会成为困扰京津冀地区社会经济发展的长期突出问题之一。

2. 对地下水依赖态势明显

水资源总量不足和经济社会快速发展之间的矛盾造成了京津冀地区对地下水资源的过度依赖。在京津冀地区供水来源中，地下水约占 3/4，该特征与我国其他地区存在明显差异。地下水的过度开采易造成地面沉降、海水内侵，并导致局部地区水资源衰减和地下水污染。如何加强对地下水的保护，摆脱对地下水的过度依赖是摆在区域发展面前的一个重要问题。

3. 河北省占据区域供水量的大部份额

在京津冀地区供水总量中，河北省占据了大部份额，其原因与河北省第一产业比重较高、第二产业重工业化倾向突出有关。同时，水资源利用效率相对偏低等因素也可能在一定程度上是造成河北省水资源使用占比居高的原因之一。

第三节　京津冀地区用水评价

一、关于用水结构分布情况的评价

某区域的用水量是指分配给各用户的包括损失在内的毛水量，一般按照农业、工业、生活和生态四类进行划分。根据水资源使用恒等式"供水量＝用水量"，在"京津冀地区供水评价"中就已经反映了京津冀地区整体和各地区用水总量的变化情况。此处将重点研究区域用水总量在农业、工业、生活和生态四种类型之间的分布状态。

2014 年，京津冀地区用水总量 254.4 亿立方米，约占全国用水总量 6094.9 亿立方米的 4.17%。其中，农业、工业、生活和生态用水量分别为 159.1 亿立方米、35 亿立方米、46.1 亿立方米和 14.4 亿立方米。就分布比例而言，京津冀地区与全国用水量之间存在较明显差异。

如图 4－4 所示，京津冀地区的生活和生态用水量占比均超过全国平均水平，农业用水比例几乎与全国持平，而工业用水比重则较全国平均水平低了将近 9 个百分点。其原因主要与京津冀地区产业结构有关。虽然在河北省工业结构中，黑色金属冶炼及压延加工，电力、热力的生产与供应等重工业仍占据主导地位，但是，在占到全区域工业产值 50% 的北京市和天津市，水资源耗用水平较低的通信设备、计算机制造、交通运输设备制造等行业居于主导地位。而在全国工业产值中，居于前列的煤炭开采和洗选、石油和天然气开采、黑色金属矿采选和有色金属矿采选等行业都属于用水大户。因此，工业内部的结构差异性可能导致了水资源使用结构的差异性。

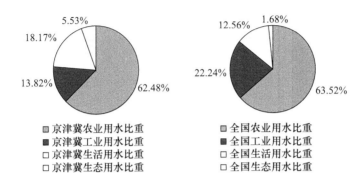

图 4-4　2014 年京津冀地区与全国水资源使用结构比较

资料来源：《中国统计年鉴》（2015），并经计算整理而成。

此外，相关数据显示，农业用水始终是京津冀地区用水量的最主要方面，其占比始终高于全部用水量的 60%。2000～2004 年，工业用水量占比始终稳定在 15% 左右，但自 2005 年开始呈现缓慢下降趋势。截至 2014 年末，京津冀地区工业用水量占全部区域用水量的 13.8%。京津冀地区生活用水量占比介于 14.84%～17.41%，并在 2003 年之后超过区域工业用水量。2003 年之前，各省市的水资源公报均未单独统计生态用水数据，自 2004 年之后才列示生态用水的相关占比数据。虽然生态用水量在京津冀地区水资源使用总量中比重最低，但上升态势最为明显：从绝对数角度看，2013 年京津冀地区生态用水量较 2009 年上升近 55.4%，占全部用水量比重也由 2009 年的 2.93% 上升至 4.57%。上述分析说明，京津冀地区水资源使用分布情况基本保持稳定，但农业和工业用水量占比有所下降，生活和生态用水占比逐年提升。

二、关于地区用水差异情况的评价

1. 北京市用水量分布

2014 年北京市用水总量为 37.5 亿立方米，占京津冀地区全部用水量的

14.73%。北京市用水结构与京津冀地区整体之间存在明显差异。如图4－5所示，在京津冀地区用水量中占比最高的农业用水在北京市仅排名第二位，要比区域整体水平低约41个百分点。北京市的生活用水量以45.32%的比例居首位，相比区域整体水平高出27.15个百分点。虽然生态用水在北京市用水总量中所占比重排名第三位，但却比区域整体水平高出13.7个百分点。同时，工业用水量与区域总体水平大体相当。

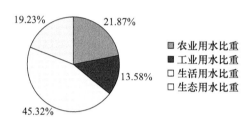

图4－5　2014年北京市用水量分布

资料来源：《中国统计年鉴》（2015），并经计算整理而成。

2. 天津市用水分布

2014年天津市用水总量为24.1亿立方米，占京津冀地区全部用水量的9.47%。图4－6反映了天津市用水量的分布状况。结果显示，除农业用水外，工业、生活和生态用水量占比均高于京津冀地区整体水平。与北京市相比较，天津市农业和工业用水量明显偏高，生活和生态用水量明显偏低。

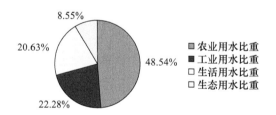

图4－6　2014年天津市用水量分布

资料来源：《中国统计年鉴》（2015），并经计算整理而成。

3. 河北省用水分布

2014年河北省用水总量为192.8亿立方米，占京津冀地区全部用水量的75.79%。如图4－7所示，农业用水占据了河北省总用水量近3/4的份额，是最主要的用水方。同时，工业用水量占比为12.65%，略低于京津冀地区整体水平；生活和生态用水占比则较低。此外，河北省用水分布较北京市和天津市存在明显差异：农业用水占比较高；其他用水，特别是生活用水与生态用水占比较低。上述差异与河北省农业大省的产业结构密切相关。

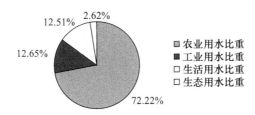

图4-7 2014年河北省用水量分布

资料来源：《中国统计年鉴》(2015)，并经计算整理而成。

三、京津冀地区用水特征

1. 农业用水占比高，工业用水占比低

一方面，2014年末京津冀地区第一产业产值占比为5.73%，较全国整体水平9.2%低3.47个百分点；另一方面，京津冀地区同期农业用水量占总用水量的64.54%，较全国整体水平63.48%高1.06个百分点。因此，基本可做出如下判断：京津冀地区农业用水占比过高，效率偏低。此外，京津冀地区第二产业产值占比为41.05%，几乎与全国水平持平，而2014年的工业用水量占总用水量的13.76%，较全国整体水平22.25%低了约8.5个百分点。因此，工业用水占比较低是京津冀地区用水分布的又一特征。

2. 农业用水占比下降，工业、生活和生态用水占比上升

近年来，京津冀地区一直呈现农业和工业用水占比下降，生活和生态用水占比上升的趋势特征。2014年与2009年相比较，京津冀地区的农业用水量下降了5.43%，占比下降了4.06个百分点；工业用水量上升了5.01%，占比上升了0.56个百分点。与此同时，区域的生活与生态用水占比也呈现上升趋势。其中，

生活用水量 2014 年较 2009 年上升了 5.2%，生态用水量则较首次纳入统计范围的 2003 年增长 8.2 倍，增长趋势明显。

3. 北京市生活用水占比突出，河北省农业用水占比较高

京津冀地区内的北京市、天津市和河北省三地间用水结构差异巨大，特别是北京市生活用水占比突出，河北省农业用水占比极高。2014 年北京市生活用水占比为 45.33%，同期农业用水量占比仅为 21.87%，不仅比京津冀地区整体水平低约 40.67 个百分点，还较生活用水量低了 23.46%。此种独特的用水结构在我国所有省市级行政区划中具有唯一性。同时，2014 年河北省的农业用水占其全部用水量的 72.20%，消耗了京津冀地区整体 54.72% 的供水，是京津冀地区水资源首要消耗大户。

本章小结

本章分别从水资源总量、供水情况、用水情况三个方面对京津冀地区水资源状况进行了评价。其中，流域水资源可利用量少、水质差、降水量少、蒸发量大、时空分布不均匀、总量稀缺、人均占有量少是京津冀地区水资源总量上面临的现实问题。在供水方面，京津冀地区供水矛盾一直突出，且以地下水为主要水源的特征明显。在用水方面，京津冀地区农业用水占比很大，但近年呈现一定的下降趋势。同时，分地区看，北京市的生活用水消耗量占比最高，而河北省的农业用水量占到区域全部用水量的 60% 以上。对于京津冀地区水资源的状况进行的分析，为后续建立区域水资源优化模型奠定了基础。

第五章　京津冀地区产业结构评价

第一节　区域产业结构的评价指标

一、区域产业结构内部评价指标

1. 钱纳里工业化阶段理论

美国发展经济学家钱纳里利用第二次世界大战后发展中国家，特别是其中的 9 个准工业化国家（地区）1960～1980 年的历史资料，提出了标准产业结构理论。该理论将不发达经济到成熟工业经济整个变化过程划分为三个阶段六个时期，并认为从任何一个发展阶段向更高一个阶段的跃进都是通过产业结构升级推动的。钱纳里划分的工业化阶段与主导产业关系如表 5-1 所示。

表 5-1　钱纳里工业化阶段与主导产业关系

工业化阶段		主导产业
初期产业	不发达经济阶段	产业结构以农业为主，没有或极少有现代工业
	工业化初期阶段	产业结构由以农业为主的传统结构逐步向现代工业转变，轻工业是主导产业，工业生产以食品、烟草、采掘、建材等初级产品为主

续表

工业化阶段		主导产业
中期产业	工业化中期阶段	制造业由轻型工业向重型工业的迅速转变，也就是所谓的重化工业阶段，主导产业包括金属产业、非金属矿产品产业、石油、化工等
	工业化后期阶段	开始由平稳增长转入持续高速增长，并成为区域经济增长的主要力量。这一时期发展最快的是现代装备制造业，同时第三产业开始快速发展
后期产业	后工业化阶段	产业结构由资本密集型产业为主导向以技术密集型产业为主导转换，金融、信息、广告、公用事业、咨询等现代服务业发达
	现代化阶段	第三产业开始分化，知识密集型产业开始从服务业中分离出来，并占主导地位

资料来源：苏东水. 产业经济学［M］. 北京：高等教育出版社，2005.

2. 区域产业结构变动指数

区域产业结构变动指数主要通过当期各产业产值与基期产值的比较，说明区域产业结构演化的方向。区域产业结构变动指数计算公式如式（5-1）所示：

$$K_i = \frac{p_{it} - p_{i(t-1)}}{p_{i(t-1)}} \times 100\% \qquad (5-1)$$

式（5-1）中，K_i 代表第 i 个产业的结构变动系数，p_{it} 为第 i 个产业在第 t 期的构成比，$p_{i(t-1)}$ 为第 i 个产业在第（t-1）期的构成比。

二、区域产业结构关系评价指标

1. 区位商指数

区位商是进行产业效率与效益分析的定量工具，是一种较为普遍的集群识别方法，常用来衡量某一产业在某一特定地区的相对集中程度。所谓区位商指数是指，某地区某行业从业人员数与该地区全部行业从业人员数之比和更大区域该行业从业人员数与其所有行业从业人员数之比相除所得的商。通过计算某一地区产业的区位商指数 Q，可以找出该地区的优势产业和产业的专门化率。Q 值越大，则专门化率越高。区位商指数大于1，可以认为该产业是地区的专业化产业（优势产业）；区位商指数小于或等于1，则认为该产业是自给性产业（非优势产业）。区位商指数的计算如式（5-2）所示：

$$Q_{ik} = \frac{q_{ik}/q_k}{q_i/q} \tag{5-2}$$

式（5-2）中，Q_{ik}代表 k 地区 i 产业的区位商指数，q_{ik}代表 k 地区 i 产业的从业人数，q_k代表 k 地区的全部从业人数，q_i代表更大区域 i 产业的从业人数，q 代表更大区域就业人口总数。在式（5-2）中，从业人数也可以用产值、产量、固定资产投资总额分别代替。

2. 区域产业相关系数

区域产业相关系数主要用于衡量地区之间产业的相似程度。区域产业相关系数介于 -1 和 1 之间。系数越大，地区之间产业结构趋同性越大，地区之间产业分工水平就越低，互补性越弱；反之，系数越小，地区之间产业结构趋同性越小，地区之间产业分工水平就越高，互补性越强。区域产业相关系数的计算公式如式（5-3）所示：

$$r_{ab} = \frac{\sum_{i=1}^{n}(x_{ai} - \overline{x}_a)(x_{bi} - \overline{x}_b)}{\sqrt{\sum_{i=1}^{n}(x_{ai} - \overline{x}_a)^2(x_{bi} - \overline{x}_b)^2}} \tag{5-3}$$

式（5-3）中，r_{ab}代表地区 a 和地区 b 的区域产业相关系数，x_{ai}和x_{bi}分别表示产业 i 在地区 a 和地区 b 产业结构中的比重，$\overline{x}_a$和$\overline{x}_b$分别代表地区 a 和地区 b 中各个产业在其产业结构中比重的平均值。

第二节　京津冀地区产业结构内部评价

一、京津冀地区产业结构现状与总体内部评价

1. 京津冀地区产业结构现状

数据显示，2014 年京津冀地区 GDP 总量为 66478.91 亿元，约占全国 GDP

总量的 10.45%，较 2013 年增长 6.05%，明显低于全国的平均增速 8.18%。其中，第一产业产值为 3806.35 亿元，第二产业产值为 27289.5 亿元，第三产业产值为 35383.06 亿元，三次产业结构比约为 0.11∶0.77∶1。如图 5－1 所示，将京津冀地区产业结构与全国相比较，第一产业比重较全国平均水平低 3.44 个百分点，第二产业低 1.67 个百分点，第三产业高 5.11 个百分点，第三产业比重较为突出。

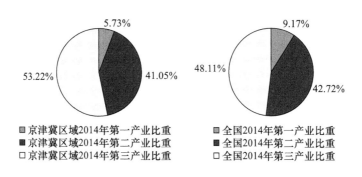

图 5－1　2014 年京津冀地区与全国产业结构比较

资料来源：《中国统计年鉴》（2015），并经计算整理而成。

此外，如图 5－2 所示，与 2004 年相比较，2014 年京津冀地区第一产业比重下降 4.13 个百分点，第二产业比重下降 7.78 个百分点，第三产业比重上升 11.91 个百分点。与全国平均值比较，第一产业比重下降速度较全国平均水平慢 1.87 个百分点，第二产业比重下降速度较全国平均水平慢 2.39 个百分点，第三产业比重上升速度较全国平均水平慢 4.26 个百分点。以上数据说明，京津冀地区产业结构升级速度慢于全国的平均水平。

2. 京津冀地区产业结构内部评价

（1）钱纳里工业化阶段评价。图 5－3 反映了京津冀地区 2014 年第一产业（农业、林业、牧业和渔业）、第二产业（轻工业、重工业和建筑业）以及第三产业产值分布。结果显示，2014 年在京津冀地区经济总量构成排名前三位的分别是重工业（63063.64 亿元）、第三产业（35383.06 亿元）和轻工业

（17910.49 亿元）。京津冀地区轻重工业产值之比为 0.28∶1，第二产业的重工业化倾向明显。因此，按照钱纳里工业化阶段理论可初步判断，京津冀地区总体而言处于工业化中期阶段。

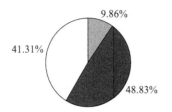

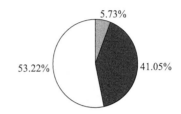

图 5 - 2　京津冀地区 2004 年产业结构与 2014 年产业结构比较

资料来源：2005 年和 2015 年《中国统计年鉴》，并经计算整理而成。

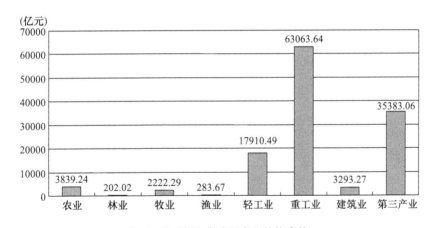

图 5 - 3　京津冀地区产业结构产值

资料来源：《中国统计年鉴》（2015），并经整理计算形成。

继续分析工业产值能够占到全区域 3/4 的天津市和河北省的规模以上工业企业分行业产值数据。在 2014 年全部 39 个分行业中，产值排名前 10 名的行业分别是：黑色金属冶炼及压延加工业（15656.69 亿元），金属制品业（3908.63 亿元），化学原料和化学制品制造业（3844.27 亿元），汽车制造业（3813.24 亿元），电力、热力的生产和供应业（3701.73 亿元），通信设备、计算机及其他电子设备制造业（3505.25 亿元），石油加工、炼焦及核燃料加工业（3340.23 亿元），农副食品加工业（3056.57 亿元），电气机械及器材制造业（2978.52 亿元），煤炭开采和洗选业（2626.10 亿元）。其中，除通信设备与计算机制造业、电气机械及器材制造、农副食品加工业外，全部属于重工业领域，其产值占到津冀两地全部国有及规模以上工业企业总产值的 50% 左右。上述数据从另一侧面再次印证了京津冀地区产业结构现在总体上仍基本处于工业化中期阶段的判断。

（2）区域产业结构变动评价。图 5-4 反映了 2004～2014 年京津冀地区各产业历年增长情况。特别是 2009 年，受到国际金融危机影响，当年第一产业增长率为 8.13%，第二产业增长率仅为 5.09%。从平均增速角度分析，第三产业年平均增长率最高，为 15.89%；第二产业次之，为 14.58%；第一产业最低，为 11%。与全国平均水平相比较，第一产业平均增速慢 0.9 个百分点，第二产业平均增速快 0.45 个百分点，第三产业平均增速慢 0.87 个百分点。

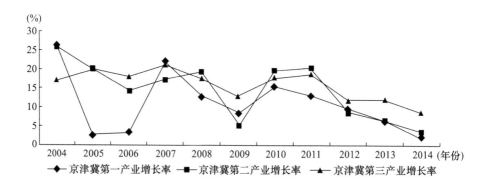

图 5-4　2004～2014 年京津冀地区各产业增长率变化

资料来源：2005～2015 年《中国统计年鉴》，并经整理计算而成。

此外，利用式（5-1）计算京津冀地区各产业的结构变动系数，计算结果如表 5-2 所示。图 5-5 则反映了 2005～2014 年京津冀地区产业结构变动系数的趋势。

表5-2 2005~2014年京津冀地区产业的结构变动系数

年份	第一产业结构变动系数（%）	第二产业结构变动系数（%）	第三产业结构变动系数（%）
2005	-15.95	-7.81	13.04
2006	-7.91	0.37	1.05
2007	-6.01	-0.47	1.42
2008	-4.17	2.94	-2.13
2009	-3.24	-7.52	7.90
2010	-2.59	1.13	-0.62
2011	-5.08	1.15	-0.33
2012	-0.50	-1.56	1.42
2013	1.24	-1.55	1.17
2014	-8.79	-1.43	2.25

资料来源：2005~2015年《中国统计年鉴》，并经整理计算形成。

结果说明，京津冀地区第一产业的结构变动系数除2013年之外常年为负值，且2005年和2006年下降趋势尤为明显，说明第一产业在该区域呈现逐步收缩态势。但是，2007年之后第一产业的收缩速率有所减缓。

京津冀地区第二产业结构变动系数呈现正负相间变动态势。其中，可细分为以下几个阶段：第一阶段，2005年，京津冀地区第二产业结构变动系数为负值，说明第二产业比重有所下降；第二阶段，2006~2008年，结构变动系数逐渐转为正值，第二产业有所扩张；第三阶段，2009年因国际金融危机，第二产业大幅度萎缩；第四阶段，2010年和2011年，在"4万亿"投资刺激下第二产业快速从收缩中反弹，进入新的扩张期；第五阶段，2012年开始"4万亿"投资的刺激作用开始减弱，结构变动系数基本为负值，第二产业收缩趋势明显。

除2008年、2010年和2011年之外，京津冀地区第三产业结构变动系数为正值，说明第三产业在该区域基本维持较为稳定的扩张态势。即使在2010年和2011年，第三产业结构变动系数分别为-0.62%、-0.33%，也说明其收缩力度相对有限。近几年来，京津冀第三产业扩张态势更加明显，对于区域经济增长的贡献也明显加强。

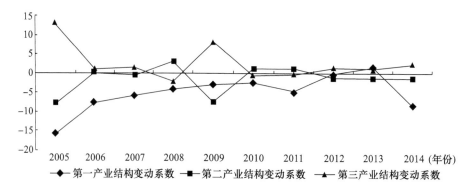

图 5 – 5　2005 ~ 2014 年京津冀地区产业结构变动系数变动趋势

资料来源：2005 ~ 2015 年《中国统计年鉴》，并经整理计算形成。

二、北京市产业结构现状与内部评价

1. 北京市产业结构现状

2014 年，北京市 GDP 为 21330.83 亿元，比 2013 年增长 9.38%，人均 GDP 达到 16278 美元，仅略低于天津市，在全国排名第二位。其中，第一产业产值为 158.99 亿元，较 2013 年下降 1.75%；第二产业产值 4544.8 亿元，增长 4.42%；第三产业产值 16627.04 亿元，增长 10.94%，三次产业结构比为 0.0096∶0.27∶1。其中，北京市的第三产业在地区经济中占有重要地位，2014 年产值占 GDP 比重为 77.95%，比全国排名第二位的天津市高出近 30 个百分点。

此外，如图 5 – 6 所示，北京市三次产业结构与京津冀地区的整体情况存在明显差异。其中，北京市第一产业产值比重不足京津冀地区整体水平的 5%，第二产业产值比重也仅为区域整体水平的 1/2，而第三产业产值比重接近区域整体水平的 1.5 倍。因此可以判断，北京市与津冀两地产业结构特征差异明显。同时，图 5 – 7 反映了 2004 年与 2014 年北京市产业结构的对比结果。相关数据显示，11 年间北京市的第一产业比重下降 1.3 个百分点，第二产业比重下降 16.43 个百分点，第三产业比重上升 17.73 个百分点。除第一产业因本身基数较低不具可比性外，北京市第二产业比重下降速度和第三产业比重上升速度都远高于京津

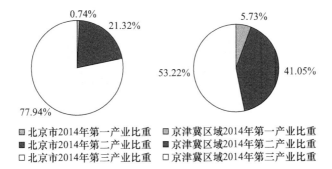

图 5－6　2014 年北京市与京津冀地区整体产业结构比较

资料来源：《中国统计年鉴》(2015)，并经计算整理而成。

冀地区的整体水平。由此说明，北京市产业结构调整速度远快于同区域的天津市和河北省。

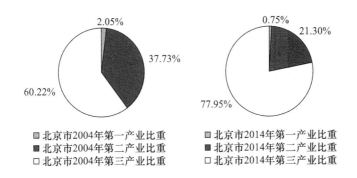

图 5－7　北京市 2004 年产业结构与 2014 年产业结构比较

资料来源：2005 年和 2015 年《中国统计年鉴》，并经计算整理而成。

2. 北京市产业结构内部评价

(1) 钱纳里工业化阶段评价。北京市的工业增加值构成与京津冀地区整体状况存在显著差异。在《北京统计年鉴》(2015) 公布的规模以上工业企业增加值构成中，占比最高的是汽车制造业，增加值为 726.2 亿元；其次为电力、热力的生产和供应业，增加值为 682 亿元；排名第三的为通信设备、计算机及其他电子设备制造业，增加值为 305.1 亿元。在天津市和河北省工业产值排名第一的黑

色金属冶炼及压延加工业，在北京市当年的工业增加值为 12.97 亿元，仅为通信
设备、计算机及其他电子设备制造业的 4.25%。因此，北京市工业结构内部的高
技术、高附加值特征明显。

（2）区域产业结构变动评价。图 5-8 反映了 2005～2014 年北京市各产业的
增长情况。其中，第三产业产值年均增长 15% 左右，速度最快，产业规模较
2000 年翻了将近 5 倍。但是，相对于 2005～2007 年的高增长而言，北京市第三
产业在近几年的扩张速度有放缓的趋势。第二产业维持稳定增长，除个别年份增
速超过 15% 之外，增长率基本维持在 10% 左右。相对而言，北京市第一产业增
长速度较低，一般在 5% 以内。

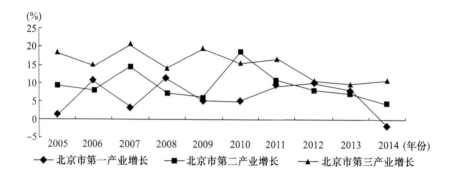

图 5-8 2005～2014 年北京市各产业增长率变化

资料来源：2005～2015 年《中国统计年鉴》，并经整理计算形成。

此外，利用式（5-1）计算的北京市各产业结构变动系数结果如表 5-3 所
示。图 5-9 则反映了 2005～2014 年北京市产业结构变动系数变化趋势。结果说
明，与京津冀地区整体情况类似，北京市第一产业结构变动系数常年为负值，说
明了第一产业一直处于收缩态势。其中，2005～2006 年系数均处于 -10% 以下，
是北京市第一产业的快速收缩阶段。2006 年之后，产业结构变动系数虽然仍为
负值，但收缩速度已经明显放缓。但是，该变化产生的主要原因在于第一产业产
值基数水平的降低，并非产业结构本身的趋势性调整。北京市第二产业结构变动
系数也与京津冀地区整体具有相似特征，即阶段性明显，只是时间划分上有所差

异。2005～2008 年，京津冀地区第二产业结构变动系数持续走低，说明第二产业比重逐渐下降；2008～2011 年，因为应对金融危机的相关刺激政策的出台，结构变动系数上升，第二产业有所扩张；2011 年之后，结构变动系数再次下降，第二产业比重再次收缩。北京市第三产业结构变动系数十余年间基本为正值，即使个别年份转负幅度也极为有限。因此，相对于京津冀地区整体而言，北京市第三产业的扩张态势更为明显。

表 5－3 2005～2014 年北京市产业的结构变动系数

年份	第一产业结构变动系数（%）	第二产业结构变动系数（%）	第三产业结构变动系数（%）
2005	－10.90	－4.04	1.40
2006	－12.51	－5.52	1.76
2007	－4.82	－4.42	1.25
2008	0.19	－5.89	1.50
2009	－3.98	－0.42	0.14
2010	－9.78	1.83	－0.34
2011	－4.10	－3.08	0.78
2012	0.50	－1.37	0.31
2013	－0.90	－1.38	0.32
2014	－7.55	－1.72	0.56

资料来源：2005～2015 年《中国统计年鉴》，并经整理计算形成。

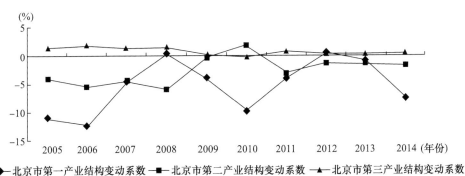

图 5－9 2005～2014 年北京市产业结构变动系数变动趋势

资料来源：2005～2015 年《中国统计年鉴》，并经整理计算而成。

三、天津市产业结构现状与内部评价

1. 天津市产业结构现状

2014年，天津市的GDP为15726.93亿元，按可比价格计算比2013年增长8.90%，是京津冀地区经济增长最快的地区。其中，第一产业实现增加值199.9亿元，增长6.92%；第二产业增加值7731.85亿元，增长6.27%；第三产业增加值7795.18亿元，增长11.69%。三次产业结构比为0.0256∶0.9919∶1。与北京市不同，以加工制造业为主的第二产业在天津市国民经济中占比接近一半，是当地经济的主导产业。

此外，如图5-10所示，天津市三次产业结构与京津冀地区的整体情况虽然存在一定的差异，但差异程度明显不如北京市差异明显。其中，天津市第一产业占比较京津冀地区总体水平低近4.5个百分点，第二产业比重高出8.52个百分点，第三产业比重低4个百分点。上述数据再次体现了天津市以加工制造业为主的产业结构特征。

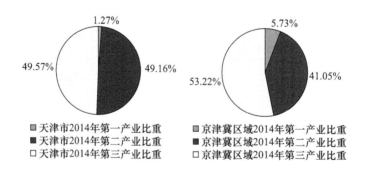

图5-10　2014年天津市与京津冀地区整体产业结构比较

资料来源：《中国统计年鉴》（2015），并经计算整理而成。

同时，图5-11反映了2004年与2014年天津市产业结构的对比结果。天津市第一产业占比下降2.11个百分点，第二产业占比下降5.03个百分点，第三产业占比上升7.15个百分点。相关数据表明，虽然天津市也出现了第三产业比重

上升，第一、第二产业比重下降的变化趋势，但相对于北京市而言，天津市产业结构相对稳定，升级速度较慢。

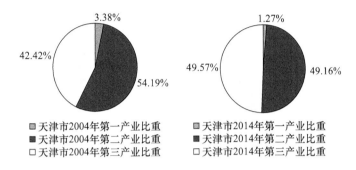

图 5 – 11　天津市 2004 年产业结构与 2014 年产业结构比较

资料来源：2005 年和 2015 年《中国统计年鉴》，并经计算整理而成。

2. 天津市产业结构内部评价

（1）钱纳里工业化阶段评价。基于以加工制造业为主的第二产业在天津市经济中的主导地位，此处对天津市工业产值构成情况进行重点分析。《天津统计年鉴》（2015）相关数据显示，天津市地方全部国有及规模以上工业总产值过程中，排名前三位的行业分别为黑色金属冶炼及压延加工业（4085.76 亿元）、通信设备、计算机及其他电子设备制造业（3040.47 亿元），汽车制造业（1843.15亿元）。与京津冀地区整体情况相比较，除排名第一的黑色金属冶炼及压延加工业外，天津市工业结构更加偏重于高附加值的高端装备制造业和电子信息业，重工业化特征相对不明显。因此，京津两地第二产业内部产业结构特征较为相似。基于以上数据，按照钱纳里工业化阶段理论，基本可以判断天津市处于以现代装备制造业为主的工业化后期阶段。

（2）区域产业结构变动评价。图 5 – 12 反映了 2004～2014 年天津市各产业的增长情况。其中，天津市第一产业除 2006 年出现负增长之外，常年维持 5%～9% 的增长率，相对比较稳定。自 2004 年开始，天津市第二产业加速增长，且态势较为平稳，在 2012 年之前除 2009 年因国际金融危机增速低于 10% 之外，历年增速基本维持在15%以上，产业规模较2000年翻了8.9倍左右，增长速度超过北京市。但2013年开始，第二产业增长速度有趋缓趋势。天津市的第三产业亦增长快速，2014年产值较2000年扩大10.2倍，增长的速度与北京市大体相当。

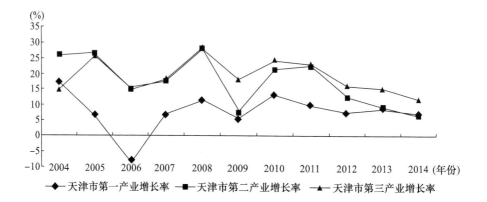

图 5-12　2004~2014 年天津市各产业增长率变化

资料来源：2005~2015 年《中国统计年鉴》，并经整理计算形成。

此外，利用式（5-1）计算的天津市各产业结构变动系数如表5-4所示。

表 5-4　2005~2013 年天津市产业的结构变动系数

年份	第一产业结构变动系数（%）	第二产业结构变动系数（%）	第三产业结构变动系数（%）
2005	-14.97	0.87	0.08
2006	-19.52	0.72	0.40
2007	-9.42	0.02	0.49
2008	-13.03	0.27	0.30
2009	-6.10	-3.98	5.37
2010	-7.87	-1.03	1.50
2011	-10.50	-0.08	0.45
2012	-5.78	-1.43	1.80
2013	-1.46	-2.02	2.26
2014	-1.81	-2.41	2.56

资料来源：2005~2015 年《中国统计年鉴》，并经整理计算而成。

图 5 - 13 则反映了 2005 ~ 2014 年天津市产业结构变动系数变化趋势。结果显示，天津市第一产业结构变动系数常年为负值，该特征与京津冀整体区域和北京市第一产业比重收缩态势基本一致。相对于京津冀地区的整体情况和北京市而言，天津市第二产业结构变动系数并没有出现明显的阶段性特征。自 2009 年之后，该指数每年以极低的速度下降。此外，第三产业结构变动系数也出现与第二产业相似的情况，系数变动极为稳定。以上数据再次说明了天津市产业结构的稳定性，如北京市剧烈而明显的产业结构调整或升级现象在天津市并未发生。

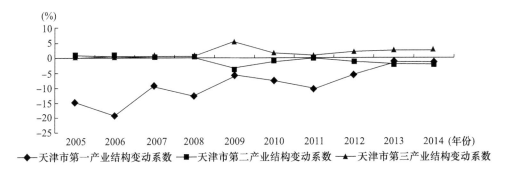

图 5 - 13　2005 ~ 2014 年天津市产业结构变动系数变动趋势

资料来源：2005 ~ 2015 年《中国统计年鉴》，并经整理计算形成。

四、河北省产业结构现状与内部评价

1. 河北省产业结构现状

　　河北省 2014 年的 GDP 为 29421.15 亿元，比 2013 年增长 3.44% ，经济总量在全国排名第 6 位。其中，第一产业产值为 3447.46 亿元，增长 1.94% ；第二产业产值为 15012.85 亿元，增长 1.56% ，增长速度较前些年出现了明显下滑；第三产业产值为 10960.84 亿元，增长 6.63% 。三次产业结构比为 0.315 : 1.370 : 1 。

　　图 5 - 14 进一步反映了 2014 年河北省产业结构与京津冀地区整体产业结构之间的对比结果。数据表明，河北省第一产业在国民经济中占比更高，较京津冀

地区平均水平高出 5.99 个百分点。此外,《中国统计年鉴》(2015) 中相关资料显示,2014 年河北省农林牧渔业总产值为 5994.8 亿元,全国排名第 4,仅低于山东省(9198.3 亿元)、河南省(7549.1 亿元)、江苏省(6443.4 亿元)。因此,河北省第一产业特别是农业生产不仅对于京津冀地区,而且对于全国农业的平稳发展和粮食安全都具有重要意义。同时,河北省第二产业比重较全区域平均水平略高 10 个百分点,而第三产业比重则明显低于京津冀地区的平均水平。

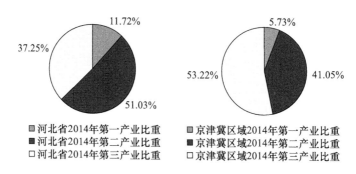

图 5 - 14   2014 年河北省与京津冀地区整体产业结构比较

资料来源:《中国统计年鉴》(2015),并经计算整理而成。

同时,图 5 - 15 反映了 2004 年与 2014 年河北省产业结构的对比分析。结果显示,虽然河北省第一产业仍在本省经济发展中扮演重要角色,但第一产业产值所占比重也出现下降趋势,该特征与京津冀地区整体状况相一致。河北省第二产业比重由 2004 年的 50.74% 上升至 2014 年的 51.03%,呈现扩张态势。十余年间,河北省第三产业比重上升了 4.16 个百分点,增幅远低于北京市的增幅,与天津市也存在一定差距。因此,可以做出如下判断:河北省产业结构相对稳定,并没有发生实质性变化。该结论与天津市产业结构变化的研究结论基本相似,而与北京市存在明显差异。

2. 河北省产业结构内部评价

(1) 钱纳里工业化阶段评价。河北省 2014 年的第二产业占全地区 GDP 比重

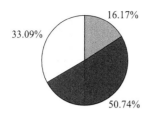

16.17%
33.09%
50.74%
11.72%
37.25%
51.03%

■ 河北省2004年第一产业比重　　■ 河北省2014年第一产业比重
■ 河北省2004年第二产业比重　　■ 河北省2014年第二产业比重
□ 河北省2004年第三产业比重　　□ 河北省2014年第三产业比重

图 5 - 15　河北省 2004 年产业结构与 2014 年产业结构比较

资料来源：2005 ~ 2015 年《中国统计年鉴》，并经计算整理而成。

为 51%，是地区主导产业。《河北省经济年鉴》（2015）数据显示，在按行业划分的规模以上工业企业总产值中，排名前 5 位的行业分别是黑色金属冶炼及压延加工业（11570.9 亿元），电力、热力的生产和供应业（2943.1 亿元），金属制品业（2752.2 亿元），化学原料及化学制品制造业（2550.8 亿元）和黑色金属矿采选业（2463.8 亿元）。上述五大产业产值占河北省当年规模以上工业企业总产值的 46.73%，说明河北省经济结构重工业化趋势十分明显。此外，河北省还是我国钢铁产量第一大省，2014 年全年钢材产量为 23995.24 万吨，占到全国钢材总产量的 21.33%；生铁总产量为 16932.57 万吨，占到全国总产量的 23.72%。由此可见，虽然从总量角度，河北省与天津市第二产业产值所占比重在本地区中都是最高的，但是从结构角度两省市之间却存在显著差异：在天津市的第二产业中，高技术含量和高附加值的高端装备制造业占据主导地位；在河北省的第二产业中，高能源需求和高能源消耗的传统工业占比很高，重工业化倾向更为明显。由此可以判断，按照钱纳里工业化阶段理论，河北省基本处于工业化中期阶段。

（2）区域产业结构变动评价。图 5 - 16 反映了 2004 ~ 2014 年河北省各产业的增长情况。其中，第一产业有 5 年增速超过 10%，年均增长率为 11.57%，明显快于京、津两市。第二产业年均增速 14.72%，略高于北京市，低于天津市。

2004~2008 年为河北省第二产业第一个快速增长期，2010~2011 年为第二个快速增长期，两个快速增长期的年均增速都超过了 20%。2012 年之后，随着国家产业结构的调整和经济形势的变化，特别是在产能过剩的重压之下，河北省第二产业增长速度明显下滑。样本期间内，河北省第三产业年平均增速为 14.70%，且年际之间的变化波幅小于其他产业。

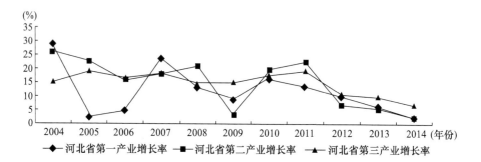

图 5-16 2004~2014 年河北省各产业增长率变化

资料来源：2005~2015 年《中国统计年鉴》，并经整理计算而成。

此外，利用式（5-1）计算的河北省各产业结构变动系数结果如表 5-5所示。

表 5-5 2005~2014 年河北省产业的结构变动系数

年份	第一产业结构变动系数（%）	第二产业结构变动系数（%）	第三产业结构变动系数（%）
2005	-13.50	3.76	0.82
2006	-8.84	1.20	1.81
2007	4.04	-0.67	-0.46
2008	-4.19	2.68	-2.54
2009	0.79	-4.34	6.85
2010	-1.88	1.00	-0.79
2011	-5.68	1.98	-0.94
2012	1.17	-1.59	2.06
2013	3.15	-1.01	0.44
2014	-1.45	-1.81	3.09

资料来源：2005~2015 年《中国统计年鉴》，并经整理计算而成。

图 5 - 17 反映了 2005~2014 年河北省产业结构变动系数的趋势。结果说明，虽然河北省第一产业结构变动系数波动幅度较大，但并没有产生明显的趋势性变化，自 2007 年以来，基本围绕 0 轴波动。因此，第一产业在 GDP 中所占比重较为稳定。河北省第二产业结构变动系数呈现阶段性特征，并与天津市的变化较为相似：2005~2008 年，河北省第二产业结构变动系数大多为正值，是第二产业产值比重的扩张阶段；2009 年，受金融危机影响，第二产业结构变动系数为负值，是河北省第二产业产值比重收缩期；2010 年和 2011 年，由于经济刺激计划的作用，河北省第二产业再次扩张；但自 2012 年开始，由于产能过剩等因素的作用，工业企业效益大幅下滑，第二产业再次进入收缩期。河北省第三产业结构变动系数在 2007 年、2008 年、2010 年和 2011 年出现 4 次负值，明显高于京津两市系数出现负值的频度。因此，河北省第三产业发展程度要弱于北京市和天津市，传统制造业仍在国民经济中占据主导地位，产业升级进度并不明显。

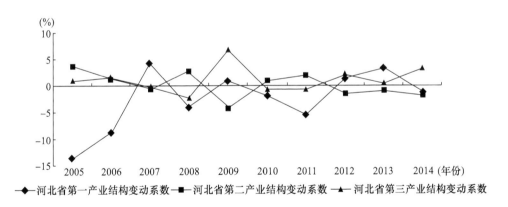

图 5 - 17　2005~2014 年河北省产业结构变动系数变动趋势

资料来源：2005~2015 年《中国统计年鉴》，并经整理计算而成。

第三节 京津冀地区产业结构关系评价

一、京津两地产业结构关系评价

1. 京津两地的区位商指数

表 5 - 6 是依据式（5 - 2）分别以各产业从业人数和产值计算的 2014 年京津两地区位商指数。

表 5 - 6 京津两地 2014 年各产业区位商指数

计算标准	北京市各产业区位商指数			天津市各产业区位商指数		
	第一产业	第二产业	第三产业	第一产业	第二产业	第三产业
依据各产业从业人数计算结果	0.20	0.59	1.82	0.34	1.27	1.20
依据各产业产值计算结果	0.13	0.52	1.46	0.22	2.00	0.93

资料来源：《中国统计年鉴》（2015），并经整理计算而成。

通过计算结果可得到如下结论：

首先，第一产业区位商指数均显著小于 1，说明相对于京津冀地区整体而言，第一产业不是京津两地主导产业，且专业化程度较低，需要从其他地区调入农林牧渔类产品满足本地区的基本需要。

其次，天津市第二产业区位商指数大于 1，说明天津市在以制造业为主的第二产业中占有一定的比较优势，产品除供自身使用外还有剩余供其他地区使用。北京市第二产业区位商指数显著小于 1，说明第二产业也非北京市主导产业，需要有大量工业品从其他地区调入。

最后，北京市第三产业区位商指数远大于1，说明北京市在以服务业为主导的第三产业上极具专业化优势。天津市第三产业以从业人数计算的区位商指数大于1而以产值计算的区位商指数接近于1，说明天津市第三产业基本供需平衡，但不具有比较优势。

因此，对于京津两地，第一产业都属于弱势产业，但相对而言，天津市情况略优于北京市。天津市在第二产业中占有一定的比较优势，北京市则在第三产业中占有极其明显的优势，专业化程度极高。

2. 京津两地区域产业相关系数

利用式（5-3）可计算得到京津两地区域产业相关系数。结果显示，2000年、2005年、2010年和2014年京津两地区域产业相关系数分别为：r_{ab2000} = 0.804、r_{ab2005} = 0.654、r_{ab2010} = 0.649、和 r_{ab2014} = 0.711。结果说明，京津两地产业结构差异程度在2010年之前呈现扩大态势，这可能与北京市产业结构演进速度加快有关。其主要原因在于北京市第三产业快速扩张和第二产业比重的逐步下降，以及由此引致的以服务业和高新技术开发产业为主导的产业结构升级进程。相对而言，天津市产业结构基本维持稳定，升级步伐并不明显，仍是以加工制造业为主的工业型城市。但这个趋势似乎在2010年之后发生了变化，2014年京津两地产业相关系数较2010年又出现了一定程度的上升。

二、津冀两地产业结构关系评价

1. 津冀两地的区位商指数

仍以式（5-2）计算津冀两地2014年的产业结构区位商指数，计算结果如表5-7所示。

通过计算结果可得到如下结论：

首先，与天津市比较，河北省第一产业区位商指数大于1，说明河北省在第一产业上具有明显的专业化优势，其产出产品不仅能够满足省内需要，还可以向京津地区输出。

表 5-7　津冀两地 2014 年各产业区位商指数

计算标准	天津市各产业区位商指数			河北省各产业区位商指数		
	第一产业	第二产业	第三产业	第一产业	第二产业	第三产业
依据各产业从业人数计算结果	0.34	1.27	1.20	1.35	1.06	0.74
依据各产业产值计算结果	0.22	2.00	0.93	2.05	1.24	0.70

资料来源:《中国统计年鉴》(2015),并经整理计算而成。

其次,河北省第二产业区位商指数与天津市的计算结果较为接近,都略高于1。说明津冀两地从第二产业总量角度具有相近的专业化程度,且都具有将一定数量工业产品向邻近地区输出的能力。

最后,计算得到的河北省第三产业区位商指数在 0.7 左右。通过比较可以明确,河北省在第三产业竞争优势方面要逊于天津市。

因此,综合上述结论,河北省在第一产业方面具有一定的竞争优势,天津市需要从河北省输入一定数量的农产品以满足自身需求。相对而言,天津市在第三产业方面较河北省更具专业化。津冀两地在第二产业方面具有相似的专业化竞争优势。因此,津冀两地产业结构的互补性较强。

2. 津冀两地区域产业相关系数

利用式(5-3)计算的津冀两地产业结构相关系数。结果显示,2000 年、2005 年、2010 年和 2014 年津冀两地区域产业相关系数分别为:$r_{ab2000} = 0.927$、$r_{ab2005} = 0.947$、$r_{ab2010} = 0.943$ 和 $r_{ab2014} = 0.936$。通过对结果的初步分析说明,津冀两地产业结构不仅相近,并且关系稳定。但是,以 2012 年津冀两地规模以上工业企业分行业产值数据计算的工业产业结构相关系数为 0.759,远低于两地区三次产业的相关程度,结果说明,虽然津冀两地产业结构总体相近,但在细分行业上仍存在一定差异。

三、京冀两地产业结构关系评价

1. 京冀两地的区位商指数

表 5 - 8 显示了京冀两地各产业的区位商指数，结果说明，北京市和河北省的产业结构存在明显差异。河北省第一产业区位商指数远高于北京市，因此，北京市的农产品需要大量从其周边的河北省输入。此外，河北省第二产业区位商指数也高于北京市，即河北省在第二产业具有专业化优势。北京市的优势在于第三产业，且区位商指数远高于河北省。由此可判断，北京市和河北省在产业结构上也极具互补性。

表 5 - 8　京冀两地 2014 年各产业区位商指数

计算标准	北京市各产业区位商指数			河北省各产业区位商指数		
	第一产业	第二产业	第三产业	第一产业	第二产业	第三产业
依据各产业从业人数计算结果	0.20	0.59	1.82	1.35	1.06	0.74
依据各产业产值计算结果	0.13	0.52	1.46	2.04	1.24	0.70

资料来源：《中国统计年鉴》（2015），并经整理计算而成。

2. 京冀两地区域产业相关系数

利用式（5 - 3）计算得到京冀两地产业结构相关系数。结果显示，2000 年、2005 年、2010 年和 2014 年京冀两地区域产业相关系数分别为：$r_{ab2000} = 0.505$、$r_{ab2005} = 0.377$、$r_{ab2010} = 0.346$ 和 $r_{ab2014} = 0.418$。结果说明，京冀两地之间产业结构在区域内差异是最大的。并且，在 2010 年之前，产业结构上的差异表现得更为明显。由此，可再次证明，北京市已逐步进入以技术密集型和知识密集型第三产业为主导的后工业化阶段，而河北省仍处于以资本密集型重工业为主导的工业化中期阶段。

第四节　京津冀地区产业结构的评价结论

一、产业结构地区差异性较大

虽然从整体角度来看，京津冀地区具有第一产业比重下降、第二产业比重基本稳定、第三产业比重快速上升的产业结构基本特征。但分地区看，相互之间的产业结构差异程度较大。北京市第三产业优势极为明显，第一产业在地区经济中所占比重极低。天津市和河北省第二产业比重都在 50% 左右。但是从工业内部结构上看，天津市的第二产业以装备制造业和电子信息产业为主，而河北省重工业化倾向则十分明显。此外，河北省的第一产业在区域占据绝对优势，是京津两市农产品的主要输出地。区域产业结构的地区性差异印证了京津冀三地区现处于不同的工业发展阶段。如图 5 - 18 所示，北京市高科技、高附加值的现代服务产业相对发达，已经基本进入后工业化阶段；天津市以现代装备制造业为主，处于工业化后期阶段；河北省现代服务业仍不发达，第二产业重工业化倾向明显，现仍处于工业化中期阶段。因此，地区产业结构差异明显是京津冀地区的基本特征，地区间产业互补的潜力较大。

二、产业结构演进速度差异性较大

从时间维度看，虽然京津冀地区内部各地区都经历了第一产业收缩、第三产业扩张的演化进程，但各个地区间升级速度并不相同。北京市产业结构升级进度要明显快于天津市和河北省，但近年来随着天津市和河北省产业结构的调整，北京市与津冀两地在产业结构上的差异有缩小的趋势。

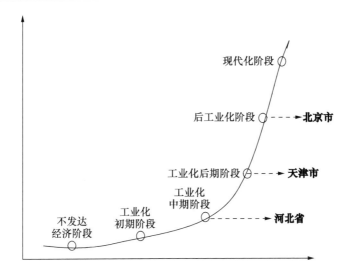

图 5 – 18　京津冀地区工业化阶段示意

三、产业结构升级的扩散效应没有显现

北京市第三产业的高速发展并没有带动与之相邻的天津市第三产业比重的迅速提升，而天津市第二产业内部高技术、高附加值行业的扩张也没有改变河北省经济对于重工业的过度依赖。上述现象从某种程度上说明，京津冀地区与长江三角洲、珠江三角洲地区相比，地区间协作程度有待加强。其原因主要在于，京津冀三地分属独立的、平等的省级行政区域，三方政府在进行产业发展政策制定时必然将自身利益最大化作为优先考虑条件，而不会将京津冀地区整体经济发展作为主要行动目标加以考虑。因此，统一市场始终无法形成，产业结构升级的扩散效应自然也就难以体现。

四、区域产业合作空间和潜力广阔

虽然由于人为因素造成的地区分割使得京津冀地区产业合作面临一定障碍，但区域产业合作的空间和潜力却十分广阔。如图 5 – 19 所示，北京市以高新技术为代表的第三产业相对发达，属于京津冀地区的知识型区域，可以向天津市和河北省进行技术扩散和知识、技术的输出；天津市是以高端装备制造为主的加工型生产区域，可以向北京市和河北省输出电子、电器设备、交通运输设备等深加工产品；河北省资源丰富、第一产业和初级工业品加工工业占据优势，属于京津冀地区的资源型区域，是资源、农副产品和初级工业品的主要输出地。因此，京津冀地区各地方的产业结构差异性较大，经济互补性也就较强，如果能够有效化解一些制约区域合作的制度性、体制性障碍，区域产业合作的空间将十分广阔。

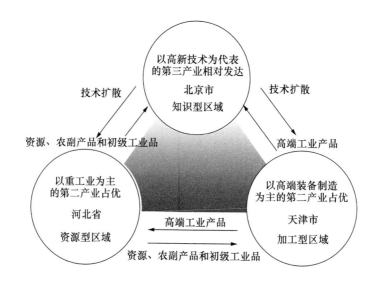

图 5-19 京津冀地区产业合作示意

本章小结

　　本章主要从区域内部和相互关系两个角度对京津冀地区产业结构进行了评价。在区域产业结构内部评价层面，本章简要描述了区域整体、北京市、天津市和河北省产业结构现状，并利用钱纳里工业化阶段理论和产业结构变动指数对各地区工业化所处阶段和演进过程进行了研究，得出了京津冀三地分处不同工业化阶段且产业结构升级进度差异性较大的结论。在区域产业结构关系层面，本章主要通过计算区位商指数和产业结构相关系数，研究了京津、津冀、京冀之间的产业结构关系，并得出了京津冀地区各地产业结构差异程度较大的结论。基于上述研究，本章最终对京津冀地区产业结构进行了总体评价：产业结构地区差异性和升级进度差异性大，产业结构升级的扩散效应没有显现，区域产业合作的空间和潜力十分广阔。

第六章　京津冀地区产业结构与水资源关联度及利用效率评价

第一节　京津冀地区产业结构与水资源关联度评价

一、评价指标的选择

前两章分别分析了京津冀地区产业结构和水资源的现实状况，那么，二者之间是否存在相关关系，如果存在的话呈现何种相关程度，需要进一步研究剖析。

京津冀地区产业结构与水资源关联度是以小样本数据为基础的研究，由于受到样本容量的限制，传统的相关性分析所得到结果的信度难以有效保障。灰色关联分析是对系统发展变化态势进行定量描述和比较的一种相关性分析方法。其基本思想是通过确定参考数列和若干个比较数列几何形状的相似程度来判断其联系的紧密程度。灰色关联分析通过清理系统中各个因素之间的关系对于一个系统发展变化态势进行量化度量，最终寻找系统中影响程度最大的变量。与参考数列关联度越大的比较数列，其发展方向和速率与参考数列越接近，关系也就越紧密。由于灰色关联分析对数据的规律性无严格限制，因此适于对建立在小样本数据基础上的京津冀地区产业结构与水资源关联度进行研究。

灰色关联分析大致要经过以下步骤：首先，确定反映系统行为特征的母变量，同时确定影响系统行为的子变量作为比较数列；其次，对于母变量和子变量进行无量纲化处理，并求解母变量和子变量之间的灰色关联系数；最后，计算关联系数的平均数，解得灰色关联程度。

具体到京津冀地区产业结构与水资源关联度评价中，如果将 2005～2014 年水资源使用情况作为母变量，设定其数列为 Y＝（Y（1），Y（2），…，Y（n））；将同期产业结构作为子变量，并设定数列为 X_i＝（X_i（1），X_i（2），…，X_i（n）），其中（i＝1，2，3），分别代表三次产业产值。经无量纲化处理后，Y 与 X_i 在 k 时期的灰色关联系数如式（6-1）所示：

$$\xi_i(k) = \frac{\min\limits_{i}\min\limits_{k}|Y(k)-X_i(k)| + \rho\max\limits_{i}\max\limits_{k}|Y(k)-X_i(k)|}{|Y(k)-X_i(k)| + \rho\max\limits_{i}\max\limits_{k}|Y(k)-X_i(k)|} \qquad (6-1)$$

式（6-1）中，k（k＝1，2，…，n）代表观测期数；｜Y（k）－X_i（k）｜代表在第 k 期的子变量 i 与母变量之间的绝对差；$\min\limits_{i}\min\limits_{k}$｜Y（k）－$X_i$（k）｜代表两极最小绝对差；$\max\limits_{i}\max\limits_{k}$｜Y（k）－$X_i$（k）｜代表两极最大绝对差；ρ 代表分辨系数，用于提高灰色关联系数之间的差异显著性。ρ 一般介于 0 和 1 之间，此处取 ρ＝0.5。

如果设定水资源使用变量 Y_i 与产业结构变量 X_i 之间的关联度为 η_i，如式（6-2）所示：

$$\eta_i = \frac{1}{n}\sum_{k=1}^{n}\xi_i(k) \qquad (6-2)$$

二、京津冀地区整体产业结构与水资源使用量的关联度评价

首先，依据 2005～2014 年京津冀地区整体水资源使用量统计数据可知，作为母变量的水资源数列为：

Y ＝（259.37，261.26，260.68，252.43，252.59，251.36，255.02，254.34，251.42，254.40）

其次，根据 2005~2014 年京津冀地区整体三次产业产值统计数据可知，作为子变量的产值数列为：

X_1 = (1601.6，1653.96，2016.17，2270，2454.48，2832.75，3201.72，3508.46，3728.58，3806.35)

X_2 = (9433.15，10758.94，12603.81，15037.53，15803.22，18936.29，22807.66，24726.66，26349.86，27289.5)

X_3 = (9853.06，11635.22，14086.91，16538.45，18652.66，21963.26，26065.59，29113.17，32607.33，35383.06)

再次，对母变量和子变量采用初值化方法经过无量纲化处理之后，求得上述数列的初值项分别为：

Y' = (1.0000，1.0073，1.0051，0.9732，0.9739，0.9691，0.9832，0.9806，0.9694，0.9808)

X'_1 = (1.0000，1.0330，1.2593，1.4178，1.5330，1.7693，1.9998，2.1913，2.3288，2.3774)

X'_2 = (1.0000，1.1405，1.3361，1.5941，1.6753，2.0074，2.4178，2.6213，2.7933，2.8929)

X'_3 = (1.0000，1.1809，1.4297，1.6785，1.8931，2.2291，2.6454，2.9547，3.3094，3.5911)

又次，计算 $|Y'(k) - X'_i(k)|$ 可得到无量纲化处理后母变量与子变量之间的绝对差：

$\Delta_1 = |Y'(k) - X'_1(k)|$ = (0，0.0258，0.2542，0.4446，0.5592，0.8002，1.0165，1.2107，1.3595，1.3966)

$\Delta_2 = |Y'(k) - X'_2(k)|$ = (0，0.2504，0.4954，0.7277，1.0374，1.5098，1.5928，2.0964，2.7267，0.2394)

$\Delta_3 = |Y'(k) - X'_3(k)|$ = (0，0.1736，0.4246，0.7053，0.9192，1.2599，1.6622，1.9741，2.3400，2.6102)

因此，两个极差分别为 $\max\limits_{i}\max\limits_{k}\mid Y'(k)-X'_i(k)\mid=2.7267$ 和 $\min\limits_{i}\min\limits_{k}$ $\mid Y'(k)-X'_i(k)\mid=0$。

设定分辨系数 $\rho=0.5$，利用式（6-1）可求得在第 k 期京津冀地区三次产业产值与水资源使用量之间的灰色关联系数为：

$\xi_1(k)=(1，0.9815，0.8428，0.7541，0.7091，0.6302，0.5729，0.5296，$ 0.5007，0.4940）

$\xi_2(k)=(1，0.9110，0.8046，0.6871，0.6603，0.5677，0.4873，0.4538，$ 0.4277，0.4162）

$\xi_3(k)=(1，0.8871，0.7625，0.6591，0.5973，0.5197，0.4506，0.4085，$ 0.3681，0.3431）

最后，利用式（6-2）计算得到京津冀地区整体三次产业结构与水资源的灰色关联度分别为：$\eta_1=0.7015$，$\eta_2=0.6416$，$\eta_3=0.5996$。由于存在 $\mid\eta_1\mid>$ $\mid\eta_2\mid>\mid\eta_3\mid$，从京津冀地区整体分析，第一产业产值与水资源使用量的关联度最高，第二产业次之，第三产业最低。基于京津冀地区整体产业结构与水资源之间的关联度，可以基本判定区域水资源优化的总体趋势为：在保障粮食生产安全的前提下，应该适当减少第一产业和第二产业水资源份额，增加第三产业的用水量，从而使得区域能够在水资源约束条件下达到更高的产出水平。

三、京津冀各地区产业结构与水资源使用量的关联度评价

1. 灰色关联度的计算

利用式（6-1），并结合北京市、天津市和河北省 2005 年和 2014 年三次产业产值数据和同期各地区水资源使用量数据，计算北京市、天津市和河北省产业结构与水资源使用量的灰色关联度。计算结果如表 6-1 所示。

利用表 6-1 所示结果，并结合式（6-2）可求得京津冀各地区三次产业与水资源之间的灰色关联度。具体计算结果如表 6-2 所示。

表6－1　京津冀各地区产业结构与水资源使用量灰色关联系数

区域	产业分类	2005	2006	2007	2008	2009	2010	2011	2012	2013	2014
北京市	第一产业	1.0000	0.9939	0.8979	0.8206	0.7931	0.7536	0.7028	0.6414	0.6106	0.6235
	第二产业	1.0000	0.9306	0.8360	0.8072	0.7546	0.6420	0.5909	0.5483	0.5236	0.5029
	第三产业	1.0000	0.8487	0.7082	0.6226	0.5756	0.5012	0.4373	0.3970	0.3568	0.3333
天津市	第一产业	1.0000	0.9607	0.9830	0.9366	0.9315	0.8504	0.8127	0.7769	0.7423	0.7133
	第二产业	1.0000	0.9212	0.8422	0.7036	0.6812	0.5858	0.5072	0.4632	0.4346	0.4150
	第三产业	1.0000	0.9229	0.8414	0.7027	0.6371	0.5361	0.4599	0.4081	0.3651	0.3333
河北省	第一产业	1.0000	0.9723	0.8029	0.7049	0.6535	0.5718	0.5129	0.4706	0.4421	0.4356
	第二产业	1.0000	0.8870	0.7623	0.6296	0.6112	0.5205	0.4336	0.4078	0.3852	0.3806
	第三产业	1.0000	0.8823	0.7568	0.6548	0.5759	0.4979	0.4258	0.3871	0.3532	0.3333

表6－2　京津冀各地区产业结构与水资源使用量灰色关联度

地区	第一产业与水资源关联度	第二产业与水资源关联度	第三产业与水资源关联度
北京市	0.7838	0.7136	0.5781
天津市	0.8708	0.6554	0.6707
河北省	0.6566	0.6018	0.5867

2. 关联度的地区评价

首先，对于北京市，第一产业与其自身水资源使用量之间的灰色关联度最高，第二产业次之，第三产业与水资源之间的关系最弱。上述关系表明了北京市第一产业发展与水资源消耗之间的联系更为紧密。因此，对于服务业相对发达且水资源缺乏极为严重的北京市而言，在保证农业生产用水基本需求的前提下，通过农业节水技术改造等措施严格控制第一产业用水，大力增加第三产业水资源配置，是未来水资源优化可能的基本方向。

其次，对于天津市，其三次产业产值与其自身水资源使用量之间的灰色关联度排序为：第一产业最高，第三产业次之，第二产业最低。一方面表明天津市第一产业发展与北京市一样存在对水资源的强依赖性，另一方面还表明天津市第三产业发展与水资源存在过高的关联关系。

最后，河北省产业结构与水资源关联度具有与北京市完全一致的相关关系：第一产业最高，第二产业次之，第三产业最低。需要特别注意的是，河北省第一产业产值与水资源使用量之间的关联度明显低于北京市和天津市，这可能与河北省以小麦、玉米和薯类等耐旱作物为主的农业内部结构具有紧密关系，这也就为在保障粮食安全前提下适当将河北省第一产业生产用水资源转移到其他地区和其他产业预留了相当大的空间。

3. 关联度的产业评价

首先，对于第一产业，天津市的灰色关联度最高，北京市次之，河北省最低。上述数据说明，天津市第一产业在发展过程中需要更多依赖对本地区水资源的消耗。此外，考虑到北京市第一产业产值仅占京津冀地区总量的5%左右，因此，在水资源优化过程中，北京市第一产业水资源用水消耗可能需要予以一定的控制。同时，河北省第一产业对水资源的依赖程度相对较低，即使在一定程度上减少其第一产业水资源份额，也不会从根本上影响河北省农业大省的基础地位和本区域粮食生产安全。因此，基本可以做出如下判断：从绝对数角度来看，在京津冀地区水资源优化过程中河北省第一产业应当是水资源最大的调出源。

其次，对于第二产业，北京市的灰色关联度最高，天津市次之，河北省最低。该结论从一个侧面印证了河北省第二产业发展对水资源的依赖性最弱，同时考虑到河北省工业结构中"两高"产业比重相对较大，因此调整河北省第二产业用水需求存在一定的空间。

最后，对于第三产业，天津市的灰色关联度最高，河北省和北京市的灰色关联度大体相当。因此，在水资源优化方向上，北京市不仅在区域第三产业产值总量上占有绝对优势，而且与水资源使用量之间的关联度也最低，对水资源的依赖性也就最弱。因此，大幅增加北京第三产业用水比例是京津冀地区水资源优化的基本方向。

第二节 京津冀地区三次产业水资源利用效率评价

一、三次产业水资源使用量的计算

水资源利用效率是指消耗单位水资源所能够达到的产出水平。评价京津冀地区三次产业水资源利用效率的前提是能够获取水资源使用量的相关数据。但是，历年的《海河流域水资源公报》和北京市、河北省的《水资源公报》并没有将第二产业和第三产业水资源使用量单独列出。其中，工业用水并没有包含第二产业中建筑业水资源使用数据，第三产业用水数据则包含在生活用水项下。仅2005~2013年的《天津市水资源公报》对各产业水资源使用情况进行了单独反映，具体数据如表6-3所示。因此，只能通过天津市各产业水资源使用量数据计算第一产业与农业、第二产业与工业、第三产业与生活用水的折算系数，并依据等比原则对北京市和河北省水资源使用量的产业分布进行推导。

1. 水资源使用量折算系数的确定

首先，以天津市相关数据为基础，计算各产业水资源使用量的折算系数。天津市第一产业水资源使用量折算系数 k_1 如式（6-3）所示

$$k_1 = \frac{q_{1i}}{q_{1j}} = \frac{12.762}{12.594} = 1.0134 \qquad (6-3)$$

式（6-3）中，q_{1i} 代表 2005~2013 年天津市第一产业水资源平均使用量，q_{1j} 代表同期天津市农业平均用水量。

天津市第二产业水资源使用量折算系数 k_2 如式（6-4）所示

$$k_2 = \frac{q_{2i}}{q_{2j}} = \frac{4.838}{4.621} = 1.0468 \qquad (6-4)$$

式（6-4）中，q_{2i} 代表 2005~2013 年天津市第二产业水资源平均使用量，q_{2j} 代表同期天津市工业平均用水量。

表 6 - 3　2005 ~ 2013 年天津市水资源使用数据

年份	第一产业 （亿立方米）	第二产业 （亿立方米）	第三产业 （亿立方米）	生活用水 （亿立方米）	生态用水 （亿立方米）	水资源 使用总量
2005	13.78	4.64	1.13	3.1	0.45	23.1
2006	13.62	4.59	1.14	3.12	0.49	22.96
2007	14.06	4.39	1.25	3.16	0.51	23.73
2008	13.21	4.02	1.34	3.11	0.65	22.33
2009	13.07	4.60	1.27	3.34	1.09	23.37
2010	11.20	5.00	1.51	3.49	1.22	22.42
2011	11.80	5.26	1.34	3.57	1.13	23.10
2012	11.69	5.36	1.12	3.59	1.36	23.13
2013	12.43	5.68	1.17	3.57	0.90	23.75
平均值	12.76	4.84	1.25	3.34	0.87	23.10

资料来源：根据 2005 ~ 2013 年《天津市水资源公报》整理而得。

天津市第三产业水资源使用量折算系数 k_3 如式（6 - 5）所示

$$k_3 = \frac{q_{3i}}{q_{3j}} = \frac{1.252}{3.339} = 0.375 \tag{6 - 5}$$

式（6 - 5）中，q_{3i} 代表 2005 ~ 2013 年天津市第三产业水资源平均使用量，q_{3j} 代表同期天津市生活平均用水量。

2. 京津冀地区各产业水资源使用量的确定

现利用水资源使用量折算系数和 2005 ~ 2014 年京津冀地区水资源使用量统计数据，折算京津冀地区 2005 ~ 2014 年各产业的水资源使用量。其中，第一产业水资源使用量计算结果如表 6 - 4 所示。

表 6 - 4　京津冀第一产业水资源使用量

年份 地区	2005	2006	2007	2008	2009	2010	2011	2012	2013	2014
北京（亿立方米）	12.89	12.25	11.92	11.72	11.57	10.98	10.37	9.46	9.21	8.29
天津（亿立方米）	13.82	13.66	14.08	13.21	13.06	11.19	11.75	11.90	12.61	11.82
河北（亿立方米）	150.79	152.90	151.79	142.96	143.97	146.23	140.78	145.32	139.48	141.03
合计（亿立方米）	177.49	178.81	177.79	167.89	168.60	168.40	162.90	166.67	161.30	161.14

第二产业水资源使用量计算结果如表6-5所示。

表6-5 京津冀第二产业水资源使用量

地区＼年份	2005	2006	2007	2008	2009	2010	2011	2012	2013	2014
北京（亿立方米）	7.11	6.49	6.02	5.44	5.44	5.33	5.24	5.12	5.36	5.33
天津（亿立方米）	4.72	4.64	4.40	3.98	4.55	5.02	5.33	5.33	5.62	5.61
河北（亿立方米）	26.78	27.28	26.13	26.22	24.69	24.16	26.76	26.35	26.41	25.63
合计（亿立方米）	38.60	38.40	36.54	35.64	34.67	34.51	37.34	36.81	37.39	36.57

第三产业水资源使用量计算结果如表6-6所示。

表6-6 京津冀第三产业水资源使用量

地区＼年份	2005	2006	2007	2008	2009	2010	2011	2012	2013	2014
北京（元/立方米）	5.31	5.50	5.56	5.84	5.84	5.82	6.20	6.09	6.09	6.37
天津（元/立方米）	1.73	1.75	1.84	1.85	1.94	2.09	2.06	1.90	1.89	1.88
河北（元/立方米）	8.88	9.06	8.98	8.78	8.79	9.14	9.80	8.91	8.92	9.04
合计（元/立方米）	15.92	16.31	16.38	16.47	16.57	17.06	18.05	16.90	16.90	17.29

二、京津冀地区第一产业水资源利用效率的评价

利用京津冀地区2005～2014年第一产业产值数据与计算得到的同期区域第一产业水资源使用量数据相除，可以得到京津冀地区第一产业消耗单位水资源所达到的产出水平，进而对区域第一产业水资源利用效率进行总体评价。相关计算结果如表6-7所示。

同时，图6-1反映了京津冀各地区第一产业水资源利用效率的变化趋势。

表6-7　京津冀地区第一产业水资源利用效率

年份 地区	2005	2006	2007	2008	2009	2010	2011	2012	2013	2014
北京（元/立方米）	6.88	7.25	8.49	9.63	10.22	11.33	13.14	15.88	17.33	19.18
天津（元/立方米）	8.13	7.57	7.83	9.28	9.87	13.01	13.59	14.42	14.83	16.91
河北（元/立方米）	9.28	9.56	11.89	14.23	15.33	17.53	20.64	21.93	24.25	24.44
京津冀（元/立方米）	9.02	9.25	11.34	13.52	14.56	16.82	19.65	21.05	23.12	23.62

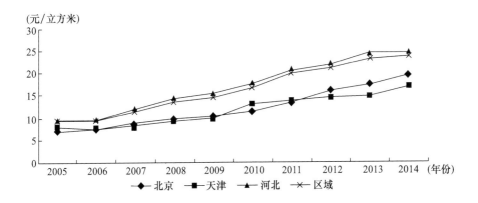

图6-1　京津冀地区第一产业水资源利用效率变化趋势

资料来源：根据计算结果整理而成。

经分析可以发现，2005～2014年京津冀地区各个地区第一产业水资源利用效率总体上均呈现出提高趋势，但在提升速率上有差别。作为京津冀地区唯一的农业大省，河北省第一产业水资源利用效率提升速度明显高于北京市和天津市，该特征对京津冀地区水资源的可持续利用和保障区域整体粮食安全都具有极其重要的意义。相对而言，天津市第一产业水资源利用效率在区域内部提升的速度相对有限。2014年天津市第一产业水资源利用效率是最高的，但2009年天津市第一产业消耗单位水资源所创造的产值仅较2000年提高108%，远低于同期北京市的提升幅度179%和河北省的提升幅度163%。上述趋势导致2014年京津冀地区第一产业水资源利用效率存在如下关系：河北省＞北京市＞天津市。同时，考虑在河北省第一产业产值占区域总量的90%，且河北省第一产业水资源使用量占区域总量半数以上的前提下，河北省第一产业水资源使用的高效率为京津冀地区水资源优化提供了相对较大的操作空间。此外，由于河北省第一产业在区域占比相对较高，京津冀地区第一产业整体的水资源利用效率具有与河北省相似的变动趋势。

三、京津冀地区第二产业水资源利用效率的评价

利用相同方法还可计算2005～2014年京津冀地区第二产业水资源的利用效率。计算结果如表6-8所示。

表6-8　京津冀地区第二产业水资源利用效率

年份 地区	2005	2006	2007	2008	2009	2010	2011	2012	2013	2014
北京 (元/立方米)	285.02	337.66	416.84	482.80	524.92	635.72	716.12	792.83	800.85	852.68
天津 (元/立方米)	452.35	529.54	657.39	932.11	876.45	964.19	1112.2	1250.2	1294.5	1378.2
河北 (元/立方米)	196.85	223.99	275.62	331.86	362.89	443.20	490.54	531.44	559.71	585.75
区域 (元/立方米)	241.20	281.11	346.02	429.06	455.82	548.72	610.81	671.74	704.73	746.23

同时，图6-2反映了京津冀各地区第二产业水资源利用效率的变化趋势。经分析可以发现，2005～2014年京津冀地区第二产业水资源利用效率也呈现明显上升趋势，且平稳性较第一产业更加突出。此外，从结果的绝对值角度分析，天津市第二产业水资源利用效率始终是最高的，北京市次之，河北省的利用效率是最低的。2014年，天津市第二产业消耗单位水资源所创造的产值分别是北京市和河北省的1.62倍和2.35倍。该结果的形成与天津市对水资源消耗水平相对较低的高端装备制造业占比较高的行业结构具有紧密联系。

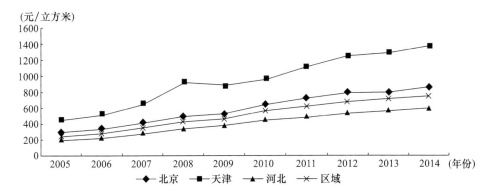

图6－2　京津冀地区第二产业水资源利用效率变化趋势

资料来源：根据计算结果整理而成。

从结果的相对值角度分析，天津市第二产业水资源利用效率年均增速为13.87%，略高于北京市的13.16%。相对而言，无论从绝对值还是相对值角度分析，河北省第二产业水资源利用效率都是最低的，说明河北省在第二产业内部结构调整和资源利用上仍需积极改进。最后，基于水资源利用效率差异，在水资源优化过程中也应相对提高天津市在区域第二产业水资源总量中所占份额，同时适当减少河北省第二产业的用水比重。

四、京津冀地区第三产业水资源利用效率的评价

经计算得到的京津冀地区第三产业水资源利用效率结果如表6-9所示。

表6-9　京津冀地区第三产业水资源利用效率

年份 地区	2005	2006	2007	2008	2009	2010	2011	2012	2013	2014
北京 （元/立方米）	914.19	1061.37	1301.47	1434.21	1571.8	1821.45	1994.06	2244.65	2520.30	2610.21
天津 （元/立方米）	958.49	1087.03	1222.85	1560.35	1755.24	2028.06	2533.61	3188.66	3692.91	4146.37
河北 （元/立方米）	376.19	429.95	512.33	600.92	690.37	779.41	865.63	1053.29	1152.37	1212.48
京津冀 （元/立方米）	618.91	713.38	860.01	1004.16	1125.69	1287.41	1444.08	1722.67	1929.43	2046.45

同时，图6-3反映了京津冀各地区第三产业水资源利用效率的变化趋势。

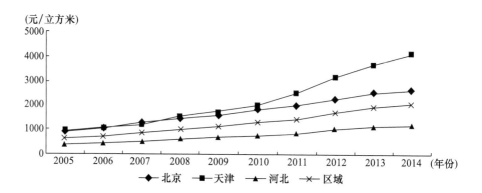

图6-3　京津冀地区第三产业水资源利用效率变化趋势

资料来源：根据计算结果整理而成。

经分析可以发现，2010年之前北京市和天津市第三产业水资源利用效率，北京略高于天津；自2011年开始，天津反超北京。与之相对应，河北省与北京市、天津市差距比较显著。以2014年数据为例，河北省当年第三产业消耗单位水资源所对应的产出水平仅约为北京市的46.45%，天津市的29.24%，说明其第三产业水资源利用效率远逊于区域内部其他地区。但是，上述差异并不一定意味着京津冀地区第三产业水资源优化具有与水资源利用效率完全一致的变动趋势。因为，在对第三产业水资源进行优化时，除了要考虑水资源利用效率这一关键变量之外，还应当将地区间产业结构的差异性纳入决策变量。也就是说，虽然在2014年，京津冀地区第三产业水资源利用效率存在"天津市 > 北京市 > 河北省"的逻辑关系，但北京市、天津市和河北省第三产业产值之间的比例关系大约为1:0.47:0.66，北京市在第三产业上占据绝对优势。因此，即使北京市第三产业水资源利用效率低于天津市，但考虑其在京津冀地区第三产业发展过程中所起的主导作用和所处的关键位置，在水资源优化过程中，北京市第三产业用水份额增加的总量和幅度可能是最高的。

五、京津冀地区水资源利用效率产业间比较

将表6－7、表6－8和表6－9中京津冀地区三次产业整体的水资源利用效率进行横向比较，可以得到图6－4和图6－5。

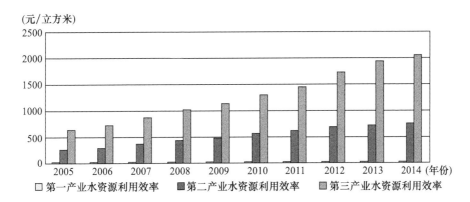

图6－4　京津冀地区三次产业水资源利用效率比较

资料来源：根据计算结果整理而成。

其中，图6－4反映的是2005～2014年京津冀地区三次产业消耗单位水资源所分别达到的产出水平。

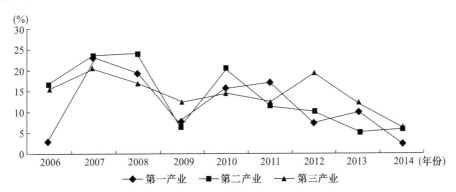

图6－5　京津冀地区三次产业水资源利用效率提升速率比较

资料来源：根据计算结果整理而成。

结果显示，第三产业水资源消耗的产出效率显著高于第二产业和第一产业，且其间差距随时间呈现扩大趋势。同时，图6－5反映了以2005年为基期的京津

冀地区三次产业水资源利用效率在 10 年间的提升速率。结果显示，第三产业水资源利用效率提升速度最高，年均增速为 14.28%；第二产业次之，年均增速为 13.59%，较第三产业低 0.69 个百分点；第一产业水资源利用效率年均增速为 11.50%，落后于第二产业和第三产业。

通过京津冀地区水资源整体利用效率产业间比较可以得到以下结论：即使没有考虑各个产业生产过程中水资源消耗上存在的自然属性差异，也没有将京津冀地区的社会和环境因素纳入考虑范畴，仅仅基于区域经济发展角度，仍可得到水资源产业间优化的基本方向：在保障第一产业粮食生产安全的前提下，第三产业水资源份额应该大幅增加，第一产业和第二产业水资源份额应该下降，且第一产业下降的绝对量应大于第二产业的绝对量。该结论与京津冀地区产业结构与水资源关联度评价所得到的研究结论是基本一致的。

本章小结

　　本章首先着重于京津冀地区产业结构与用水量之间的关联度研究。通过灰色关联度分析发现，京津冀地区产业结构与用水量之间存在紧密的相关关系。从地区层面而言，北京市和河北省三次产业与用水量之间的关联度排序为第一产业最高，第二产业次之，第三产业最低；天津市的结果为第一产业最高，第三产业次之，第二产业最低。从产业层面而言，天津市第一产业的灰色关联度最高，北京市次之，河北省最低；对于第二产业，河北省的灰色关联度最高，北京市次之，天津市最低；对于第三产业，天津市的灰色关联度最高，北京市次之，河北省最低。在此基础上，本章还对京津冀地区用水效率进行了比较，发现了河北省第一产业水资源利用效率最高，天津市第二产业和第三产业利用效率明显具有优势。

第七章　京津冀地区水资源优化模型的建立

第一节　模型建立的基本思想

水资源优化本身是一个多目标决策问题，其本质不是追求某一方面效益的最大化，而是在经济发展、资源集约和环境保护三者之间寻求平衡。京津冀地区水资源优化模型所要解决的核心问题就是如何将水资源在京津冀各地区的三次产业之间进行合理分配，以实现经济、社会与环境的协调发展。更具体来说，就是基于京津冀地区产业结构与水资源关联度及利用效率评价所得到的水资源优化基本方向，在关注经济效益的同时，综合考虑资源约束和环境保护约束，将研究所得到的定性优化方向转化为定量优化结果。

图 7-1 显示了京津冀地区水资源优化模型的逻辑关系。模型由目标集、供应集和使用集三部分组成。其中，经济发展、资源集约和环境保护构成了京津冀水资源优化模型的目标集，反映了水资源优化配置的政策取向。地表水和地下水构成了区域水资源的供应集，是水资源的来源。使用集由两个层面构成：一是地区层面，涉及水资源在北京市、天津市和河北省三个地区间的分配；二是产业层

面，涉及水资源在生态、生活以及各产业间的分配。地区层面和产业层面共同构成了水资源的使用集，是水资源分配的对象。在水资源使用集中，生活用水与生态用水具有刚性，是应该给予优先考虑的。因此，不将生活与生态用水纳入模型，而将总供水量减去生活用水与生态用水之后的余额作为生产用水资源，研究其在区域内部不同产业之间的重新分配。

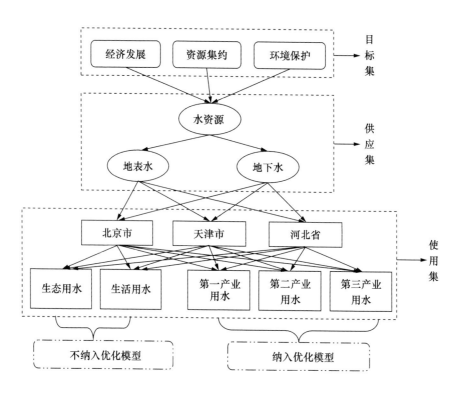

图 7-1　京津冀区域水资源优化模型的逻辑示意

本章将利用京津冀地区产业结构和水资源评价所得到的相关数据，以 2020 年为目标时点，在对京津冀地区经济和社会发展状况进行预测的基础上，利用多目标决策方法求解水资源的优化结果。

第二节 模型的目标函数与约束函数

一、模型的目标函数

（1）区域经济发展目标函数如式（7-1）所示：

$$\max f_1(x) = \sum_{i=1}^{3} a_{1i}(t) x_{1i}(t) + \sum_{i=1}^{3} a_{2i}(t) x_{2i}(t) + \sum_{i=1}^{3} a_{3i}(t) x_{3i}(t) \qquad (7-1)$$

模型的经济发展目标是实现区域 GDP 的最大化。式（7-1）中，$f_1(x)$ 代表区域在 2020 年的 GDP；$x_{1i}(t)$、$x_{2i}(t)$ 和 $x_{3i}(t)$ 分别代表区域 2020 年三次产业的水资源使用量；$a_{1i}(t)$、$a_{2i}(t)$ 和 $a_{3i}(t)$ 分别代表区域 2020 年三次产业的水资源利用效率，即消耗单位水资源各自所对应的产值。其中，$i = (1, 2, 3) = $（北京市，天津市，河北省）。

（2）区域资源集约目标函数如式（7-2）所示：

$$\min f_2(x) = \sum_{i=1}^{3} x_{1i}(t) + \sum_{i=1}^{3} x_{2i}(t) + \sum_{i=1}^{3} x_{3i}(t) \qquad (7-2)$$

模型的资源集约目标是实现区域水资源使用量的最小化。式（7-2）中，$f_2(x)$ 代表区域 2020 年生产用水资源使用总量，它等于区域供水总量减去生活与生态用水之后的余额。

（3）区域环境保护目标函数如式（7-3）所示：

$$\min f_3(x) = \sum_{i=1}^{3} a_{2i}(t) x_{2i}(t) b_{2i}(t) + \sum_{i=1}^{3} a_{3i}(t) x_{3i}(t) b_{3i}(t) \qquad (7-3)$$

模型的环境保护目标是实现区域废水排放量最小化。式（7-3）中，$f_3(x)$ 代表区域 2020 年生产活动中的废水排放总量；$b_{2i}(t)$ 代表区域第二产业废水生产系数，即第二产业单位价值的废水排放量；$b_{3i}(t)$ 代表区域第三产业废水生产系数,即第三产业单位产值的废水排放量。①

二、模型的约束条件

(1) 经济约束条件函数如式 (7-4) 所示:

$$a_{11}(t)x_{11}(t) + a_{21}(t)x_{21}(t) + a_{31}(t)x_{31}(t) \geqslant Z_{11}(t)$$
$$a_{12}(t)x_{12}(t) + a_{22}(t)x_{22}(t) + a_{32}(t)x_{32}(t) \geqslant Z_{12}(t) \qquad (7-4)$$
$$a_{13}(t)x_{13}(t) + a_{23}(t)x_{23}(t) + a_{33}(t)x_{33}(t) \geqslant Z_{13}(t)$$

式 (7-4) 中,$Z_{11}(t)$、$Z_{12}(t)$ 和 $Z_{13}(t)$ 分别代表北京市、天津市和河北省按照现有增长模式在 2020 年各自所应达到的 GDP 最小值。

(2) 资源约束条件函数如式 (7-5) 所示:

$$\sum_{i=1}^{3} x_{1i}(t) + \sum_{i=1}^{3} x_{2i}(t) + \sum_{i=1}^{3} x_{3i}(t) \leqslant Z_2(t) \qquad (7-5)$$

式 (7-5) 中,$Z_2(t)$ 代表区域 2020 年的生产用水资源限额。

(3) 环境约束条件函数如式 (7-6) 所示:

$$a_{21}(t)x_{21}(t)b_{21}(t) + a_{31}(t)x_{31}(t)b_{31}(t) \leqslant Z_{31}(t)$$
$$a_{22}(t)x_{21}(t)b_{22}(t) + a_{31}(t)x_{32}(t)b_{32}(t) \leqslant Z_{32}(t) \qquad (7-6)$$
$$a_{23}(t)x_{21}(t)b_{23}(t) + a_{33}(t)x_{33}(t)b_{33}(t) \leqslant Z_{33}(t)$$

式 (7-6) 中,$Z_{31}(t)$、$Z_{32}(t)$ 和 $Z_{33}(t)$ 分别代表北京市、天津市和河北省在 2020 年生产活动的废水排放限额。

(4) 社会约束条件函数如式 (7-7) 所示:

$$c_1(t)\sum_{i=1}^{3} x_{1i}(t) \geqslant Z_4(t) \qquad (7-7)$$

设定京津冀水资源的社会目标是维护区域粮食安全。因此,在式 (7-7) 中 $c_1(t)$ 代表区域在 2020 年水资源的粮食产出效率,即在第一产业中消耗单位水资源所对应的粮食产量;$Z_4(t)$ 代表区域在 2020 年所需达到的最低粮食产出限额。

---

① 由于统计口径原因,《海河流域水资源公报》仅提供废水排放总量、工业及建筑业废水排放量、第三产业废水排放量和城市居民生活废水排放量数据,第一产业排放数据缺失。因此,本书暂不考虑第一产业生产活动对区域污染程度的影响。

在京津冀地区水资源优化模型的约束条件中，经济约束和环境约束分别设定了各地区的硬性指标。考虑水资源和粮食相对容易实现区域内部地区之间的交易与流转，因此，对于资源约束和社会约束仅设定京津冀地区的总体指标。

<h1 style="text-align:center">第三节 模型参数的预测</h1>

模型将依据现有的相关宏观经济、产业结构、水资源使用、废水排放和粮食生产等数据，预测 2020 年京津冀地区产业结构与水资源利用情况，通过多目标决策方法求解能够实现经济、社会和环境协调发展的水资源分配方案。

一、关于各地区 GDP 的预测

1. 京津冀地区 GDP 总量的预测

根据 2004～2014 年京津冀地区 GDP 总量及各产业分布数据，通过数据加总，可得到区域 GDP 总量及各产业的序列图，具体如图 7-2 所示。2004～2014 年，京津冀地区除了 2009 年因金融危机导致经济较大波动之外，其他年份经济增长相对平稳。利用 Eviews7.2 软件，可得到京津冀地区历年 GDP 的序列相关性，结果如图 7-3 所示。

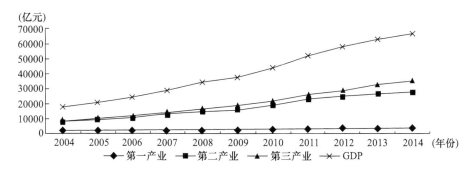

图 7-2 京津冀地区 GDP 及各产业增长序列

资料来源：根据 2005～2015 年《中国统计年鉴》整理计算而成。

表7－1表明，右侧一列概率值都大于0.05，说明所有Q值都小于检验水平为0.05的χ^2分布临界值。因此，模型的随机误差项是一个白噪声序列，不存在序列相关，可用ARMA模型进行预测。继而建立区域GDP的一阶自回归时间序列模型，相关结果如表7－2所示。

表7－1　京津冀地区GDP序列相关性

Autocorrelation	Partial Correlation		AC	PAC	Q – Stat	Prob
.	** .		.	** .		1	0.328	0.328	1.4355	
.	.		. *	.		2	− 0.061	− 0.189	1.4917	0.222
.	.		.	* .		3	0.026	0.131	1.5036	0.472
. *	.		. **	.		4	− 0.153	− 0.262	1.9705	0.579
. **	.		. *	.		5	− 0.325	− 0.188	4.5124	0.341
. **	.		. *	.		6	− 0.288	− 0.199	6.9980	0.221
. *	.		.	.		7	− 0.078	0.040	7.2406	0.299

资料来源：根据计算结果整理而成。

表7－2　京津冀地区GDP时间序列模型建模结果

Variable	Coefficient	Std. Error	t – Statistic	Prob.
C	379038.4	968384.7	0.391413	0.7057
AR（1）	0.985775	0.040321	24.44798	0.0000
R – squared	0.987958	Mean dependent var	42671.89	
Adjusted R – squared	0.986453	S. D. dependent var	16329.24	
S. E. of regression	1900.596	Akaike info criterion	18.11458	
Sum squared resid	28898123	Schwarz criterion	18.17510	
Log likelihood	− 88.57290	Hannan – Quinn criter.	18.04819	
F – statistic	656.3466	Durbin – Watson stat	1.198593	
Prob（F – statistic）	0.000000			
Inverted AR Roots	0.99			

资料来源：根据计算结果整理而成。

表 7-2 表明，GDP 时间序列的特征根 $1/0.99 = 1.01$，DW 值为 1.20。同时，京津冀地区 GDP 年增长速度的 ADF 值为 -3.625，具有 96.64% 的概率在 5% 的显著性水平上不存在单位根。为再次证明时间序列满足平稳性要求，将结果整理可得如式 (7-8) 所示：

$$Dgdp_t = 379038.4 + 0.985775 (Dgdp_{t-1} - 379038.4)$$

$$\Rightarrow Dgdp_t = 5391.82 + 0.985775 Dgdp_{t-1} \qquad (7-8)$$

漂移项 5391.82 表示 GDP 趋势线的增长速度。由此可预测京津冀地区 2020 年的 GDP 为 91661.69 亿元。

2. 京津冀地区 GDP 区域分布的预测

假设 2020 年北京市、天津市和河北省三地区 GDP 比例关系维持在 2014 年 3:2:5 的水平，依据已预测出的京津冀地区 GDP 总量和地区间比例关系，可预测北京市、天津市和河北省三地区 2020 年 GDP 数值。

其中，北京市 GDP 预测值 $Z_{11}(t)$ 如式 (7-9) 所示：

$$Z_{11}(t) = 91661.69 \times 30\% = 27498.51 (亿元) \qquad (7-9)$$

天津市 GDP 预测值 $Z_{12}(t)$ 如式 (7-10) 所示：

$$Z_{12}(t) = 91661.69 \times 20\% = 18332.34 (亿元) \qquad (7-10)$$

河北省 GDP 预测值 $Z_{13}(t)$ 如式 (7-11) 所示：

$$Z_{13}(t) = 91661.69 \times 50\% = 45830.85 (亿元) \qquad (7-11)$$

二、关于各地区三次产业产值的预测

根据 2004～2014 年北京市、天津市和河北省三地区产业结构的基本情况，利用相关数据可对北京市、天津市和河北省各产业产值进行预测。

1. 第一产业产值的预测

图 7-3 反映了第一产业占本地区 GDP 比重的变化情况。数据显示，第一产业产值比重在北京市、天津市和河北省均呈下降趋势。

继续计算北京市、天津市和河北省第一产业产值占本地区 GDP 比重时间序列的一阶自回归结果，如表 7-3 所示，时间序列的平稳性均较为良好。借助模型结果，采用趋势外推法得到2020年各地第一产业产值比重的预测值：北京市为0.75%，天津市为1.17%，河北省为12.16%。最终，基于各地区GDP总量的预测结果，可求得三地区第一产业产值2020年的预测值。

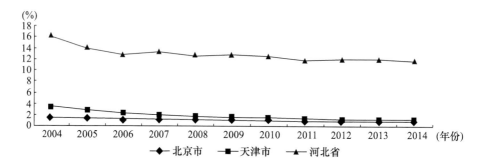

图7-3 2004～2014年北京市、天津市、河北省第一产业产值比重变化趋势

资料来源：根据2005～2015年《中国统计年鉴》计算整理而成。

其中，北京市第一产业产值预测值如式（7-12）所示：

$$p_{11}(t) = 27498.51 \times 0.75\% = 206.24(亿元) \qquad (7-12)$$

表7-3 北京市、天津市、河北省第一产业产值比重时间序列模型建模结果

Variable	Coefficient	Std. Error	t-Statistic	Prob.
C	0.738343	0.081005	9.114800	0.0000
AR（1）	0.750271	0.058977	12.72137	0.0000
R-squared	0.952895	Mean dependent var	0.949438	
Adjusted R-squared	0.947007	S. D. dependent var	0.158947	
S. E. of regression	0.036590	Akaike info criterion	-3.601223	
Sum squared resid	0.010711	Schwarz criterion	-3.540706	
Log likelihood	20.00612	Hannan-Quinn criter.	-3.667610	
F-statistic	161.8333	Durbin-Watson stat	1.604973	
Prob（F-statistic）	0.000001			
Inverted AR Roots	0.75			

续表

（北京市）			
Variable	Coefficient	Std. Error	t – Statistic	Prob.
C	1. 149489	0. 129446	8. 880063	0. 0000
AR（1）	0. 746443	0. 030850	24. 19553	0. 0000
R – squared	0. 986519	Mean dependent var	1. 771558	
Adjusted R – squared	0. 984834	S. D. dependent var	0. 523897	
S. E. of regression	0. 064519	Akaike info criterion	– 2. 466869	
Sum squared resid	0. 033301	Schwarz criterion	– 2. 406352	
Log likelihood	14. 33434	Hannan – Quinn criter.	– 2. 533256	
F – statistic	585. 4235	Durbin – Watson stat	3. 126465	
Prob（F – statistic）	0. 000000			
Inverted AR Roots	0. 75			

（天津市）			
Variable	Coefficient	Std. Error	t – Statistic	Prob.
C	12. 15833	0. 292367	41. 58587	0. 0000
AR（1）	0. 469840	0. 104424	4. 499357	0. 0020
R – squared	0. 716756	Mean dependent var	12. 55249	
Adjusted R – squared	0. 681351	S. D. dependent var	0. 716338	
S. E. of regression	0. 404366	Akaike info criterion	1. 203863	
Sum squared resid	1. 308094	Schwarz criterion	1. 264380	
Log likelihood	– 4. 019314	Hannan – Quinn criter.	1. 137476	
F – statistic	20. 24421	Durbin – Watson stat	2. 083820	
Prob（F – statistic）	0. 002004			
Inverted AR Roots	0. 47			

（河北省）

资料来源：根据计算结果整理而成。

天津市第一产业产值预测值如式（7 – 13）所示：

$$p_{12}(t) = 18332.34 \times 1.17\% = 214.49（亿元）\tag{7 – 13}$$

河北省第一产业产值预测值如式（7-14）所示：

$$p_{13}(t) = 45830.85 \times 12.16\% = 5573.03(亿元) \qquad (7-14)$$

2. 第二产业产值的预测

图7-4反映了第二产业占本地区GDP比重的变化情况。其中，北京市第二产业产值占其当年GDP比重呈逐年下降趋势，而天津市和河北省的比重相对稳定，趋势性变化并不明显。因此，仅建立北京市第二产业产值比重的一阶自回归模型，模型结果如表7-4所示。

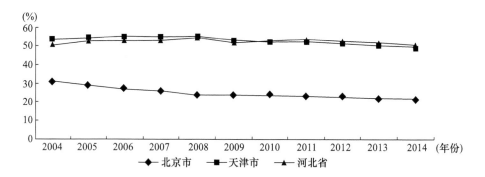

图7-4 2004~2014年北京市、天津市、河北省第二产业产值比重变化趋势

资料来源：根据2005~2015年《中国统计年鉴》经整理计算而成。

表7-4 北京市第二产业产值比重时间序列模型建模结果

Variable	Coefficient	Std. Error	t - Statistic	Prob.
C	20.55787	1.760156	11.67957	0.0000
AR（1）	0.792156	0.068667	11.53614	0.0000
R - squared	0.943296	Mean dependent var		24.14686
Adjusted R - squared	0.936208	S. D. dependent var		2.410141
S. E. of regression	0.608733	Akaike info criterion		2.021983
Sum squared resid	2.964448	Schwarz criterion		2.082500
Log likelihood	-8.109913	Hannan - Quinn criter.		1.955596
F - statistic	133.0826	Durbin - Watson stat		1.957121
Prob（F - statistic）	0.000003			
Inverted AR Roots	0.79			

资料来源：根据计算结果整理而成。

表 7-4 显示，北京市第二产业产值比重变化存在序列相关性，且经计算得到的 ADF 值为 -1.51，约有 93.39% 的概率在 10% 的显著性水平上不存在单位根，说明时间序列的平稳性尚可。通过趋势外推得到北京市第二产业产值比重 2020 年的预测值为 20.80%。由于趋势性变化不明显，取天津市和河北省 2004~2014 年第二产业产值比重的平均值作为 2020 年的预测值：天津市预测值为 53.03%，河北省预测值为 51.52%。

因此，基于各地区 GDP 总量的预测结果，可求得北京市、天津市和河北省第二产业产值 2020 年的预测值。

其中，北京市第二产业产值预测值如式（7-15）所示：

$$p_{21}(t) = 27498.51 \times 20.80\% = 5719.69（亿元）\tag{7-15}$$

天津市第二产业产值预测值如式（7-16）所示：

$$p_{22}(t) = 18332.34 \times 53.03\% = 9721.64（亿元）\tag{7-16}$$

河北省第二产业产值预测值如式（7-17）所示：

$$p_{23}(t) = 45830.85 \times 51.52\% = 23612.05（亿元）\tag{7-17}$$

3. 第三产业产值的预测

图 7-5 反映了第三产业占本地区 GDP 比重的变化情况。其中，北京市第三产业产值占其当年 GDP 比重呈现较为明显的上升趋势。同时，与第二产业产值比重变化情况类似，天津市和河北省第三产业产值比重也相对稳定，趋势性变化并不明显。

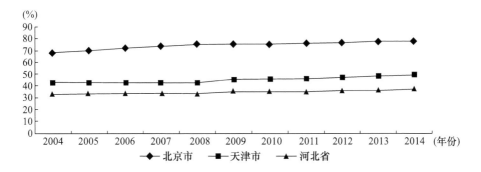

图 7-5 2004~2014 年北京市、天津市、河北省第三产业产值比重变化趋势

资料来源：根据 2005~2015 年《中国统计年鉴》整理计算形成。

由于已经对 2020 年京津冀地区各地区第一产业和第二产业产值进行预测，为保证预测结果合理性，利用求减法获得北京市、天津市、河北省 2020 年第三产业在 GDP 占比的预测值。具体计算结果如下：

北京市第三产业产值比重预测值如式（7 – 18）所示：

$$1 - 0.75\% - 20.80\% = 78.45\% \tag{7 – 18}$$

天津市第三产业产值比重预测值如式（7 – 19）所示：

$$1 - 1.17\% - 53.03\% = 45.80\% \tag{7 – 19}$$

河北省第三产业产值比重预测值如式（7 – 20）所示：

$$1 - 12.16\% - 51.52\% = 36.32\% \tag{7 – 20}$$

采用趋势外推方法预测的 2020 年北京市第三产业产值比重为 78.49%，与求减结果较为接近，可间接证明求减法预测结果的可信度。基于各地区 GDP 总量的预测结果，求得三地区第三产业产值 2020 年的预测值。

其中，北京市第三产业产值预测值如式（7 – 21）所示：

$$p_{31}(t) = 27498.51 \times 78.45\% = 21572.58（亿元） \tag{7 – 21}$$

天津市第二产业产值预测值如式（7 – 22）所示：

$$p_{32}(t) = 18332.34 \times 45.80\% = 8396.21（亿元） \tag{7 – 22}$$

河北省第二产业产值预测值如式（7 – 23）所示：

$$p_{33}(t) = 45830.85 \times 36.32\% = 16645.76（亿元） \tag{7 – 23}$$

三、关于生产用水资源使用限额的预测

根据 2004 ~ 2014 年的统计结果，京津冀地区生产用水资源并未随着社会经济的发展出现明显的趋势性增长，基本维持相对稳定的状态。这就意味着京津冀地区生产用水资源的强约束状态将在相当长的时间内维持。因此，本书假设京津冀地区 2020 年生产用水资源总量保持 2014 年的水平不变，仍然维持在 215 亿立方米。

四、关于水资源使用效率的预测

在京津冀地区三次产业水资源利用效率评价中，已经计算获得京津冀各地区

2005～2014 年三次产业水资源利用效率的相关数据，具体结果如表 6 - 7、表 6 - 8 和表 6 - 9 所示。如果假设三次产业水资源利用效率提升速度可以保持，利用上述数据采用趋势外推方法，对 2020 年北京市、天津市和河北省三次产业的水资源使用效率进行预测。趋势外推方法使用的前提是要保证时间序列的平稳性。此处仍将采用 ADF 方法对相关数据的平稳性进行检验。

首先，将京津冀地区三次产业水资源利用效率提升速度的时间序列进行一阶差分，对其进行 ADF 检验，相关结果如表 7 - 5 所示。结果显示，京津冀地区三次产业均至少能通过显著性水平为 10% 的 ADF 检验，说明水资源利用效率提升速度具有极其良好的平稳性。

表 7 - 5　2005～2014 年京津冀地区三次产业水资源利用效率一阶差分 ADF 检验

指标\\地区	第一产业		第二产业		第三产业	
	T 统计量	概率	T 统计量	概率	T 统计量	概率
北京市	- 3.0171 *	0.0753 *	- 3.5463 **	0.0437 **	- 3.2841 **	0.0525 **
天津市	- 3.1640 *	0.0616 *	- 3.0149 *	0.0804 *	- 4.9617 ***	0.0064 ***
河北省	- 3.7560 **	0.0283 **	- 3.8014 **	0.0256 **	- 4.2420 **	0.0152 **

注："＊"表示通过显著性水平为 10% 的检验，"＊＊"表示通过显著性水平为 5% 的检验，"＊＊＊"表示通过显著性水平为 1% 的检验。

其次，利用 DW 方法对京津冀地区三次产业水资源利用效率提升速度相关数据的序列相关性进行检验。检验结果如表 7 - 6 所示。结果显示，三次产业的水资源利用效率均不存在序列相关性。

表 7 - 6　2005～2014 年京津冀地区三次产业水资源利用效率 DW 检验

指标\\地区	第一产业 DW 值	第二产业 DW 值	第三产业 DW 值
北京市	1.97	2.15	2.21
天津市	2.14	2.02	2.20
河北省	2.01	2.03	1.90

综合上述分析，可得到京津冀地区三次产业水资源利用效率矩阵如式（7-24）所示：

$$A_{ji} = \begin{bmatrix} a_{11} & a_{12} & a_{13} \\ a_{21} & a_{22} & a_{23} \\ a_{31} & a_{32} & a_{33} \end{bmatrix} = \begin{bmatrix} 38.81 & 27.36 & 32.99 \\ 1118.61 & 1669.23 & 782.15 \\ 3641.16 & 10157.84 & 1928.29 \end{bmatrix} \qquad (7-24)$$

其中，(i_1, i_2, i_3) = （北京，天津，河北）；(j_1, j_2, j_3) = （第一产业，第二产业，第三产业）。

五、关于废水生产系数及生产活动废水排放限额的预测

自 2003 年之后，《海河流域水资源公报》开始提供全流域工业及建筑业废水排放和第三产业废水排放的分项数据。现利用相关数据，通过对废水排放量在各产业和地区间分布的预测，求解京津冀地区水资源优化模型中的废水生产系数以及生产活动污水排放限额的预测值。

1. 京津冀地区废水排放产业分布的预测

首先，如图 7-6 所示，海河流域的第二产业废水排放量在经历了 2003 ~ 2006 年快速回落之后，2007 ~ 2012 年呈现相对稳定态势，第二产业废水排放量维持在 26 亿吨左右。第三产业废水排放量在 2010 年之后呈现快速增长态势，由每年 8 亿吨左右跃升至 12.5 亿吨。但是根据 2013 年 1 月国务院印发的《实行最严格水资源管理制度考核办法》，北京市、天津市、河北省三地重要江河湖泊水功能区水质达标率控制目标要分别达到 77%、61% 和 75%，而 2012 年海河流域Ⅰ ~ Ⅲ类水评价河流长度仅占 34.6%，由此判断未来几年海河流域废水排放量不可能大幅增长。如果假设海河流域废水排放总量及结构在未来几年间保持稳定，可取 2007 ~ 2012 年区域第二产业、第三产业废水排放量和废水排放总量的平均值作为 2020 年的预测值。预测结果如下：第二产业废水排放量为 25.3 亿吨，第三产业废水排放量为 9 亿吨，废水排放总量为 50 亿吨。

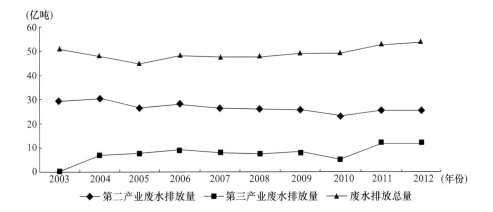

图 7 - 6　2003 ~ 2012 年海河全流域废水排放趋势

资料来源：根据 2003 ~ 2012 年《海河流域水资源公报》整理所得。

其次，通过北京市、天津市、河北省三地历年的《水资源质量公报》相关数据分析可知，2007 ~ 2012 年北京市、天津市和河北省三地合计废水排放占全流域排放总量平均值的 87.68%，将其作为海河全流域与京津冀地区废水排放量的折算比值。由此可知，2020 年京津冀地区第二产业和第三产业废水排放量分别为 25.3 × 87.68% = 22.18（亿吨）和 9 × 87.68% = 7.89（亿吨）。

2. 京津冀地区废水排放地区分布的预测

（1）第二产业废水排放地区分布的预测。《中国环境统计年鉴》提供了 2007 ~ 2014 年京津冀地区工业废水排放量和生活废水排放量两项数据。虽然环境年鉴中并没有直接提供第二产业废水排放数据，但考虑工业废水在第二产业废水排放中占有绝大部分，可用京津冀地区间工业废水排放比例代替第二产业废水排放比例对废水排放量进行地区间分配。

2007 ~ 2014 年，北京市工业废水排放量的平均值为 0.97 亿吨，天津市同期数值为 1.97 亿吨，河北省为 11.88 亿吨。如果假设京津冀地区间工业废水排放比例关系保持不变，则可推导 2020 年京津冀地区第二产业废水排放地区分布。

其中，2020年北京市第二产业废水排放量如式（7-25）所示：

$$e_{21}(t) = 22.18 \times \frac{0.97}{0.97+1.97+11.88} = 1.45（亿吨）\quad (7-25)$$

天津市第二产业废水排放量如式（7-26）所示：

$$e_{22}(t) = 22.18 \times \frac{1.97}{0.97+1.97+11.88} = 2.95（亿吨）\quad (7-26)$$

河北省第二产业废水排放量如式（7-27）所示：

$$e_{23}(t) = 22.18 \times \frac{11.88}{0.97+1.97+11.88} = 17.78（亿吨）\quad (7-27)$$

（2）第三产业废水排放地区分布的预测。《中国环境统计年鉴》没有提供京津冀地区第三产业废水排放数据，而是将其包含于生活废水排放项下。因此，只能用京津冀地区间生活废水排放比例替代进行相关数值的地区分配。

如图7-7所示，2007~2014年京津冀三地生活废水排放量基本保持稳定态势。北京市生活废水排放量的平均值为11.35亿吨，同期的天津市生活废水排放量的平均值为5.15亿吨，河北省为14.15亿吨。如果仍假设京津冀地区各地区之间的生活废水排放比例关系保持不变，则可推导2020年京津冀地区第三产业废水排放地区分布。

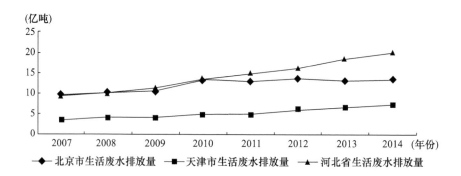

图7-7　2007~2014年京津冀三地生活废水排放量

资料来源：根据2008~2015年《中国环境统计年鉴》整理而得。

其中，2020 年北京市第三产业废水排放量如式（7 – 28）所示：

$$e_{31}(t) = 7.89 \times \frac{11.35}{11.35 + 5.15 + 14.15} = 2.92（亿吨） \tag{7 – 28}$$

天津市第三产业废水排放量如式（7 – 29）所示：

$$e_{32}(t) = 7.89 \times \frac{5.15}{11.35 + 5.15 + 14.15} = 1.33（亿吨） \tag{7 – 29}$$

河北省第三产业废水排放量如式（7 – 30）所示：

$$e_{33}(t) = 7.89 \times \frac{14.15}{11.35 + 5.15 + 14.15} = 3.64（亿吨） \tag{7 – 30}$$

3. 废水生产系数的预测

将已预测出的废水排放地区分布与对应的第二产业、第三产业产值相除，即可得到 2020 年京津冀地区废水生产系数预测矩阵，其结果（单位为吨/万元）如式（7 – 31）所示：

$$B_{ji} = \begin{bmatrix} b_{21} & b_{22} & b_{23} \\ b_{31} & b_{32} & b_{33} \end{bmatrix} = \begin{bmatrix} 2.54 & 3.03 & 7.53 \\ 1.35 & 1.58 & 2.19 \end{bmatrix} \tag{7 – 31}$$

其中，(i_1, i_2, i_3) =（北京，天津，河北）；(j_2, j_3) =（第二产业，第三产业）。

4. 京津冀各地生产活动废水排放限额的预测

用各地区已预测出的第二产业和第三产业废水排放量相加，可得到各地生产活动废水排放限额的预测值：

其中，2020 年北京市生产活动废水排放限额如式（7 – 32）所示：

$$Z_{31}(t) = [e_{21}(t) + e_{31}(t)] \times 10000 = (1.45 + 2.92) \times 10000 = 43700（万吨） \tag{7 – 32}$$

天津市生产活动废水排放限额如式（7 – 33）所示：

$$Z_{32}(t) = [e_{22}(t) + e_{32}(t)] \times 10000 = (2.95 + 1.33) \times 10000 = 42800（万吨） \tag{7 – 33}$$

河北省生产活动废水排放限额如式（7 – 34）所示：

$$Z_{33}(t) = [e_{23}(t) + e_{33}(t)] \times 10000 = (17.78 + 3.64) \times 10000 = 214200(万吨)$$

$$(7-34)$$

六、关于最低粮食产出限额与水资源粮食产出效率的预测

1. 最低粮食产出限额的预测

首先，如图 7-8 所示，2004～2014 年京津冀地区粮食产量占全国总产量的比重维持在 5.69%～6.16%，平均值为 5.96%，且无明显趋势性变化。考虑计算过程的方便性，有如下假设存在：2020 年京津冀地区粮食产量占全国比重为 6%。

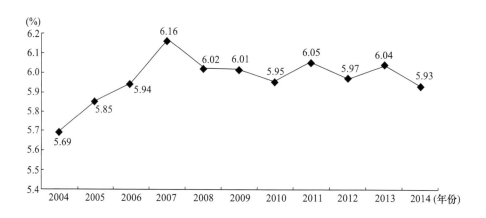

图 7-8 2004～2014 年京津冀地区粮食产量占全国比重

资料来源：根据 2005～2015 年《中国统计年鉴》整理而得。

其次，由于粮食产量连年丰收，自 2003 年之后全国当年"粮食总产出/人口数量"逐年上升，2014 年达到 0.4438。虽然比值数据呈现一定的趋势性变化，但考虑粮食生产增长的约束性，不采用时间序列趋势外推的方法对"粮食总产出/人口数量"数据进行预测，而假设 2020 年二者比值不低于 2014 年水平。此外，根据国家人口和计划生育委员会相关预测，2020 年全国人口数将达到

145000 万人。[①] 由此，将其与"粮食总产出/人口数量"结果相乘，即可得到 2020 年全国粮食产量的目标值：$145000 \times 0.4438 = 64351$（万吨）。考虑计算方便，假设 2020 年全国粮食产量目标值为 65000 万吨。

最后，可得到京津冀地区 2020 年最低粮食产出限额 $Z_4(t)$ 的预测值如式（7-35）所示：

$$Z_4(t) = 65000 \times 6\% = 3900 \text{（万吨）} \qquad (7-35)$$

2. 水资源粮食产出效率的预测

图 7-9 显示了 2004~2014 年京津冀地区粮食产量与农业用水量比值关系。数据显示，消耗单位水资源所达到的粮食产出水平逐年提升。研究发现，单位水资源粮食产出提升效率时间序列的 DW 值为 2.51，ADF 值为 -4.2006，能够在 98.65% 的概率下通过显著性水平为 5% 的检验，因此，可采用趋势外推方法预测 2020 年京津冀地区粮食产量与农业用水量比值，预测结果为 25.62 万吨/亿立方米。

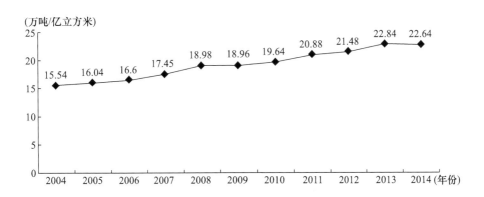

图 7-9 2004~2014 年京津冀地区粮食产量与农业用水量比值

资料来源：根据 2005~2015 年《中国统计年鉴》计算而成。

---

① 2010 年全国人口和计划生育事业发展公报，http://www.chinapop.gov.cn/tjgb/201108/t20110816_369756.html.

此外，由式（6-3）可知，第一产业水资源使用量与农业用水量之间的折算系数为 1.0134，则 2020 年京津冀地区在第一产业消耗单位水资源所对应的粮食产量，即粮食产出效率 $c_1(t)$ 如式（7-36）所示：

$$c_1(t) = 25.62 \div 1.0134 = 25.28（万吨/亿立方米） \tag{7-36}$$

综合上述研究，可确定京津冀地区水资源优化模型的主要参数，具体数据见表 7-7。上述参数的获得为求解水资源优化结果，确定水资源补偿方案奠定了基础。

表 7-7 京津冀地区水资源优化模型的主要参数

参数名称	数学表达式	单位	参数数值
水资源利用效率	$\begin{bmatrix} a_{11} & a_{12} & a_{13} \\ a_{21} & a_{22} & a_{23} \\ a_{31} & a_{32} & a_{33} \end{bmatrix}$	元/立方米	$\begin{bmatrix} 38.81 & 27.36 & 32.99 \\ 1118.61 & 1669.23 & 782.15 \\ 3641.16 & 10157.84 & 1928.29 \end{bmatrix}$
废水生产系数	$\begin{bmatrix} b_{21} & b_{22} & b_{23} \\ b_{31} & b_{32} & b_{33} \end{bmatrix}$	吨/万元	$\begin{bmatrix} 2.54 & 3.03 & 7.53 \\ 1.35 & 1.58 & 2.19 \end{bmatrix}$
北京市目标 GDP	$Z_{11}(t)$	亿元	27498.51
天津市目标 GDP	$Z_{12}(t)$	亿元	18332.34
河北省目标 GDP	$Z_{13}(t)$	亿元	45830.85
生产用水资源限额	$Z_2(t)$	亿立方米	215
北京市生产活动的废水排放限额	$Z_{31}(t)$	万吨	43700
天津市生产活动的废水排放限额	$Z_{32}(t)$	万吨	42800
河北省生产活动的废水排放限额	$Z_{33}(t)$	万吨	214200
水资源的粮食产出效率	$c_1(t)$	万吨/亿立方米	25.28
最低粮食产出限额	$Z_4(t)$	万吨	3900

本章小结

　　本章在对京津冀地区产业结构和水资源现状进行研究的基础上，提出了区域水资源优化模型的基本思想，并建立了由经济发展、资源集约和环境保护三重目标组成的多目标决策模型。本章的另一主要内容是对京津冀地区 2020 年的 GDP 总量、产业结构、生产用水资源总量及结构、废水排放总量及结构、粮食产出水平及单位水资源粮食产出效率等进行了预测，从而确定了京津冀地区水资源优化模型的主要参数。本章内容为下一章求解水资源优化模型，确定水资源优化配置方案奠定了基础。

第八章　京津冀地区水资源优化模型的求解

第一节　模型的求解方法

一、多目标决策的含义与特点

京津冀地区水资源优化模型本身是多目标决策过程，模型的最终目标是求得经济发展、资源集约和环境保护三重目标兼顾的最优生产用水资源分配方案。多目标决策方法源于管理科学的发展，兴起于 20 世纪 70 年代。在多目标决策条件下，系统方案的选择取决于多重目标的综合影响。因此，多目标决策是对多个相互矛盾的目标进行科学、合理的选优，并做出决策的理论和方法。与单目标决策问题不同，多目标决策具有以下特点：

1. 不可公度性

所谓不可公度性是指各个目标没有统一的度量标准，因而难以进行目标之间的相互比较。京津冀地区水资源优化模型中的经济发展、资源集约和环境保护三个目标之间很难说哪一个目标更加重要，只能根据多个目标所产生的综合效应选择一个相对较好的生产用水资源分配方案。

2. 矛盾性

所谓矛盾性是指如果采用某一方案改善某一目标值，则该选择往往会损害另一目标值。在京津冀地区水资源优化模型中，如果选择加快经济发展目标，无疑会消耗更多的水资源，产生更多的废水排放，资源集约和环境保护目标就受到损害；反之，追求资源集约使用和环境保护，就往往要以牺牲短期的经济增长为代价。因此，在技术水平等相关变量保持不变的前提下，多目标决策问题总要以牺牲一部分目标的利益来换取另一部分目标利益的改进。

3. 解的非唯一性

基于目标的不可公度性和矛盾性，多目标决策问题的解往往具有非唯一性，并且往往难以同时获得各个目标的绝对最优解。因此，求解多目标决策问题经常会形成一个非劣解集。此时，在所有可行解集中没有一个解优于非劣解集，或者说，非劣解集不劣于可行解集中的任意解。多目标决策的非劣解集在经济学上被称为帕累托最优解，即不可能找到另一备选方案使得效用或福利较非劣解集更加改进。

二、主要的多目标决策求解方法

1. 权重法

权重法通过对不同目标赋予不同的权重，将多个目标函数形成新的目标函数，从而将多目标决策问题转化为单目标决策。转化后的单目标决策所形成的唯一最优解是非劣解集中的一点，赋予目标函数不同的权重将形成不同的单目标决策最优解，但所有的最优解都将属于多目标决策的非劣解集。

2. 约束法

约束法将目标函数进行分类，从中选择一个作为主要目标，其余作为约束条件，进而将多目标决策问题转化形成为单目标决策问题。转化后的单目标决策模型将由主目标函数和原有约束条件与次目标函数转化而来的新约束条件组成。与权重法相同，经约束法转化后求得的模型解也是非劣解集中的某一点。

3. 单纯形法

相对于权重法和约束法而言，单纯形法直接通过求解多目标决策模型生成非劣解集。对于线性目标函数和线性约束条件组成的多目标决策问题，单纯形法通过计算迭代程序在极点非劣解之间进行转换，直到形成整个非劣解集为止。

4. 模糊层次分析法

模糊层次分析法的特点是不将多目标决策问题评价结果看成一个绝对肯定或者绝对否定的问题，而是根据各因素的重要性程度和主观评价结果形成一个模糊集合对问题加以解决。该方法在使用中按照各因素间相互关系，将总目标分解成若干子目标，通过定性指标模糊量化层次排序，进而形成多目标决策问题指标权重。最后，利用模糊关系合成原理对评价问题进行整体评价。

5. 熵值法

熵的本意是热力系统中不能利用来做功的热能，一般用热能的变化量除以温度所得的商来表示。在科学上，熵泛指某些物质系统状态的一种度量或者某些物质系统状态可能出现的程度。因此，熵值被引申为对不确定性的度量：信息量越大，不确定性就越小，熵也就越小；信息量越小，不确定性越大，熵也就越大。此外，熵值还可用来判断一个事件的随机性及无序程度，也可以用熵值来判断某个指标的离散程度，指标的离散程度越大，该指标对综合评价的影响越大。多目标决策中的熵值法主要是在目标函数没有权重的情况下，利用评价指标构成的特征值矩阵确定目标权重。当某一目标熵值较小，熵权较大时，该指标就相对重要，应赋予较高的权重；反之，应赋予较低的权重。最终，熵值法通过计算被评价对象与理想点的贴近度，评价方案的优劣。

6. 遗传算法

遗传算法是主要利用进化论和遗传学说的基本思想，将生物进化过程中适者生存法则和染色体间的随机信息交换机制相结合的一种全局寻优搜索算法。遗传算法一般包含选择、交配、变异三个过程。其中，选择是优胜劣汰过程，适应度高的基因被遗传到下一代中的概率较大，适应度低的基因被遗传到下一代中的概率较小，从而使得群体适应度不断接近最优解。交配是产生新个体的过程，通过交配形成的子代继承了父代基本特征，从而将优势基因不断遗传。变异是指某些基因的特征值产生随机性的改变从而形成新个体的过程。变异、交配和选择相结合，能够避免某些信息的丢失，保证遗传算法的有效性。最终，遗传过程使得第 t 代群体经过选择、交配和变异运算后得到（t + 1）代群体。随着遗传的进行，群体适应度不断提升，直到求出非劣解集为止。

三、京津冀地区水资源优化模型求解方法的选择

京津冀地区水资源优化模型计划采用权重法求解，原因主要基于以下两点：

第一，虽然京津冀地区水资源优化模型涉及参数较多，但模型本身是线性且连续的多目标决策问题。多目标决策求解技术中的模糊层次分析法、熵值法和遗传算法大多适于解决离散、非线性的复杂规划。因此，权重法的采用并不会影响非劣解形成的信度，反而会提高问题解决的效度。

第二，权重法通过赋予多重目标不同权重，将多目标问题转化为单目标决策对模型进行求解。京津冀地区水资源优化模型利用该方法，正可通过权重的赋值研究对多重目标设定不同重要性程度时水资源分配方案之间的差异。因此，权重法的采用有利于对问题进行拓展性研究。

对于京津冀地区水资源优化模型，采用权重法求解最优分配方案的过程可以描述为如式（8 - 1）所示：

$$\max_{x \in X} \sum_{k=1}^{p} \lambda_k f_k(x) = \lambda^T f(x) \tag{8-1}$$

其中，权重行向量如式（8 - 2）所示：

$$\lambda \in \Lambda = \left\{ \lambda \mid \lambda \in \mathbf{R}^p, \lambda_k \geqslant 0, k = 1, 2, \cdots, p \text{ 且} \sum_{k=1}^{p} \lambda_k = 1 \right\} \tag{8-2}$$

在求解过程中，模型将分别计算设定经济发展、资源约束和环境保护为主要目标时京津冀地区水资源的最优分配方案，并对结果差异进行比较分析。其中，在三个目标当中，主要目标的权重值为 0.6，次要目标的权重值为 0.2。

第二节　模型的求解结果

一、以经济发展为主要目标的模型求解结果

如果以经济发展为京津冀地区水资源优化模型的主要目标，则可将多目标函数式（7-1）、式（7-2）和式（7-3）转化为单目标函数，如式（8-3）所示：

$$\max F_A(x) = 0.6 \times f_1(x) - 0.2f_2(x) - 0.2f_3(x) \tag{8-3}$$

利用 LINGO 软件求解模型结果如表 8-1 所示。

表 8-1　以经济发展为主要目标的京津冀地区水资源分配结果

用水类别	优化水资源量（亿立方米）
北京市第一产业用水	5.30
天津市第一产业用水	9.84
河北省第一产业用水	130.27
北京市第二产业用水	6.32
天津市第二产业用水	7.75
河北省第二产业用水	29.74
北京市第三产业用水	9.84
天津市第三产业用水	3.43
河北省第三产业用水	12.60

矩阵形式表示的京津冀地区生产用水资源实际优化结果如式（8-4）所示：

$$X_A = \begin{bmatrix} x_{11} & x_{12} & x_{13} \\ x_{21} & x_{22} & x_{23} \\ x_{31} & x_{32} & x_{33} \end{bmatrix} = \begin{bmatrix} 5.30 & 9.84 & 130.27 \\ 6.32 & 7.75 & 29.74 \\ 9.84 & 3.43 & 12.60 \end{bmatrix} \tag{8-4}$$

二、以资源集约为主要目标的模型求解结果

如果以资源集约为京津冀地区水资源优化模型的主要目标，则可将多目标函数式（7-1）、式（7-2）和式（7-3）转化为单目标函数，如式（8-5）所示：

$$minF_B(x) = -0.2 \times f_1(x) + 0.6f_2(x) + 0.2f_3(x) \tag{8-5}$$

模型结果如表8-2所示。

表8-2　以资源集约为主要目标的京津冀地区水资源分配结果

用水类别	优化水资源量（亿立方米）
北京市第一产业用水	5.30
天津市第一产业用水	9.84
河北省第一产业用水	130.27
北京市第二产业用水	5.24
天津市第二产业用水	7.65
河北省第二产业用水	29.64
北京市第三产业用水	10.74
天津市第三产业用水	3.64
河北省第三产业用水	12.70

矩阵形式表示的京津冀地区生产用水资源实际优化结果如式（8-6）所示：

$$X_B = \begin{bmatrix} x_{11} & x_{12} & x_{13} \\ x_{21} & x_{22} & x_{23} \\ x_{31} & x_{32} & x_{33} \end{bmatrix} = \begin{bmatrix} 5.30 & 9.84 & 130.27 \\ 5.24 & 7.65 & 29.64 \\ 10.74 & 3.64 & 12.70 \end{bmatrix} \tag{8-6}$$

与"以经济发展为主要目标的模型求解结果"相比较，变化主要体现在第二产业和第三产业水资源的优化结果上。具体来看，北京市第二产业水资源量减少1.08亿立方米，第三产业水资源量增加0.9亿立方米；天津市第二产业水资源量减少0.1亿立方米，第三产业水资源量增加0.21亿立方米；河北省第二产

业水资源量减少0.1亿立方米，河北省第三产业水资源量增加0.1亿立方米。根据优化结果，第二产业水资源使用量的减少和第三产业水资源使用量的增长反映出两个产业在水资源使用效率上的差异。也就是说，在生产用水资源总量既定的条件下，如果优化目标更多地兼顾资源集约目标，应当相应加大第三产业水资源分配比例，因为第三产业消耗单位水资源可以创造更高的产出。

三、以环境保护为主要目标的模型求解结果

如果以环境保护为京津冀地区水资源优化模型的主要目标，则可将多目标函数式（7-1）、式（7-2）和式（7-3）转化为单目标函数，如式（8-7）所示：

$$\min F_C(x) = -0.2 \times f_1(x) + 0.2 f_2(x) + 0.6 f_3(x) \tag{8-7}$$

将结果与以资源集约为主要目标的模型结果相比较发现，除求解的目标值有所区别之外，生产用水资源分配方案相同。与经济发展目标相比较，在环境保护目标下第二产业和第三产业之间水资源分配数量的变化实际上也体现出两种产业在单位产值废水排放量上的差异。第三产业创造单位产值产生的废水排放量远小于第二产业，因此基于环境保护目标，第三产业就应该比经济发展目标下的优化结果得到更多的水资源配置。

第三节 模型结果的讨论

一、关于生产用水资源产业优化的讨论

式（8-8）是根据北京市、天津市、河北省水资源使用量分项数据和水资源使用量折算系数计算的京津冀地区生产用水资源的产业和地区分布。

$$X' = \begin{bmatrix} x'_{11} & x'_{12} & x'_{13} \\ x'_{21} & x'_{22} & x'_{23} \\ x'_{31} & x'_{32} & x'_{33} \end{bmatrix} = \begin{bmatrix} 8.29 & 11.82 & 141.03 \\ 5.33 & 5.61 & 25.63 \\ 6.37 & 1.88 & 9.04 \end{bmatrix} \qquad (8-8)$$

京津冀地区生产用水资源产业优化结果如图 8 - 1 所示。

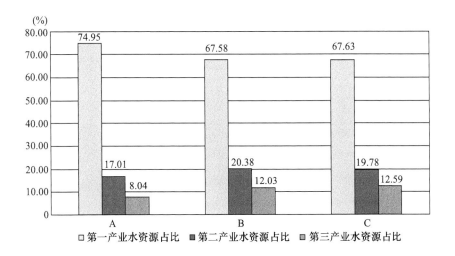

图 8 - 1　京津冀地区水资源产业分布

资料来源：根据京津冀地区生产用水资源优化结果整理而成。

其中，图 8 - 1（A）反映了京津冀地区当前生产用水资源产业分布状况，图 8 - 1（B）和图 8 - 1（C）分别反映了京津冀地区 2020 年以经济增长为主要目标和以资源集约、环境保护为主要目标预测的生产用水资源产业优化结果。通过三者比较分析，有如下讨论：

1. 第一产业的水资源优化

如果按照现有的经济和社会发展模式，2020 年京津冀地区分配给第一产业的水资源量仍将占据生产用水资源总量的绝大部分比重，但比例略有降低，降幅在 6 个百分点左右。在减少的第一产业水资源量中，北京市减少的幅度应该最大。到 2020 年，分配给北京市的第一产业水资源量下降约 36%，该结论基本符合北京市 2004～2014 年农业用水量快速下降的趋势。与此同时，也应减少分配给天津市的第一产业水资源量，减少 17%左右。考虑社会约束，即维护地区粮食安全目标的实现，河北省第一产业水资源分配数量下降幅度相对较小，幅度在8%左右。

2. 第二产业的水资源优化

当前京津冀地区第二产业水资源使用量占全部生产用水资源的比重为 17%，如按照现有增长速度，并综合考虑经济、社会、资源、环境等方面约束，该比重应当上升到 20%左右。从总量角度比较，分配给北京市的第二产业水资源应当上升 1 亿立方米左右，天津市上升接近 2 亿立方米。与京津两市相反，根据水资源优化结果，河北省分配数额下降约 6.83 亿立方米。上述结果与京津冀地区第二产业水资源利用效率的地区差异水平大体对应。此外，正如前文分析的，由于第二产业单位产值的水资源消耗数量较大或废水排放数量相对较高，如果将经济发展为主要目标调整为以资源集约或环境保护为主要目标，根据京津冀地区水资源优化结果，第二产业水资源的分配数量将相应出现下降，但幅度相对有限。

3. 第三产业的水资源优化

与第一产业和第二产业水资源分配量适当减少的优化方案不同，到 2020 年京津冀地区应当加大第三产业水资源量份额，所占比重由目前的 17%左右提升至 25%以上。考虑第三产业水资源使用效率上的比较优势，分配给天津市第三产业的水资源上升幅度应该最大，其次是北京市，两地区第三产业水资源分配比例都应该增加 50%以上。相对而言，河北省第三产业水资源分配比例增加有限，幅度约为 40%。由于第三产业发展对于水资源消耗的数量相对较少，对于水环境的影响也相对较低，因此如果将以经济发展为主要目标调整为以资源集约或环境保护为主要目标，第三产业水资源的分配数量将相应出现上升，总量在 1.2 亿立方米左右。

二、关于生产用水资源地区优化的讨论

京津冀地区生产用水资源地区优化结果如图 8-2 所示。

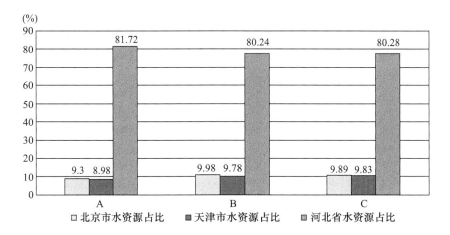

图 8 - 2　京津冀地区水资源地区分布

资料来源：根据京津冀地区生产用水资源优化结果整理而成。

其中，图 8 - 2（A）反映了京津冀地区当前生产用水资源地区分布状况，图 8 - 2（B）和图 8 - 2（C）分别反映了京津冀地区 2020 年以经济增长为主要目标和以环境保护为主要目标预测的生产用水资源地区优化结果。通过三者比较分析，有如下讨论：

1. 北京市的水资源优化

从总量的角度分析，如果按照现有的经济和社会发展模式，2020 年分配给北京市的生产用水资源量应适当增加。在全部生产用水资源中，北京市所占比重应从 9.30% 上升至 9.98% 左右。从结构的角度分析，北京市第一产业用水应该出现较为明显的下降，降幅在 37% 左右；第二产业用水比重出现上升，升幅在 18 个百分点左右；第三产业用水将出现较大幅度上升，升幅在 50% 以上，大约折合 3.47 亿立方米。此外，如果以资源集约或环境保护为主要目标，北京市的水资源优化结果将会减少 0.2 亿立方米左右，仅仅出现微幅的下降。总体而言，北京市的生产用水资源优化结果与北京市提出的大力发展服务业，建设国家创新中心，提升经济发展质量，优化第一产业、做强第二产业、做大第三产业的经济社会发展目标是基本契合的。

2. 天津市的水资源优化

从总量的角度分析，经过区域水资源优化之后，分配给天津市的生产用水资源总量也会出现一定幅度的上升。在全部生产用水资源中，天津市在京津冀地区生产用水资源所占比重应从 8.98% 上升至 9.78% 左右。从结构的角度分析，与北京市相类似，天津市第一产业用水应该出现下降，但降幅应该小于北京市，幅度在 17% 左右；比较而言，天津市第二产业生产用水应该出现一定比例的增长，幅度约为 38%，明显高于北京市；与此同时，根据优化结果，天津市第三产业用水量将出现 1.55 亿立方米的上升，增长的幅度十分明显。此外，如果以资源集约或环境保护为主要目标，天津市的水资源优化结果将会增加 0.05 亿立方米左右，与经济发展为主要目标的优化结果变化不大。

3. 河北省的水资源优化

从总量的角度分析，河北省生产用水资源分配水量仍占到区域全部生产用水量的绝大部分，比重约在 80.24%。相较于当前实际的生产用水资源使用结果，所占比重大约下降 1.48 个百分点。这主要是基于河北省农业生产在京津冀地区的重要地位和水资源在农业生产中的重要作用而形成的。从结构的角度分析，河北省第二产业和第三产业生产用水资源将分别出现 4.1 亿和 3.5 亿立方米的上升，升幅在 16% 和 40% 左右。相对而言，河北省第一产业是水资源调出的主要来源。根据优化结果，河北省第一产业水资源分配数量将由当前的 141.03 亿立方米，下降至优化之后的 130.17 亿立方米。此外，如果以资源集约或环境保护为主要目标，河北省的水资源优化结果将会增加 0.1 亿立方米左右，与经济发展为主要目标的优化结果变化也不大。

三、关于生产用水资源优化路径的讨论

综合京津冀地区生产用水资源产业优化和地区优化结论，设计了区域生产用水资源优化路径，具体如图 8 - 3 所示。

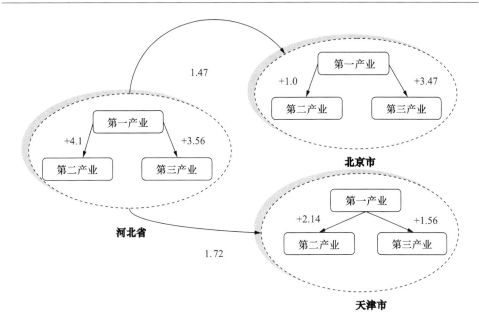

图 8 – 3 京津冀地区生产用水资源优化路径

考虑地区内部不同产业之间水资源的调配成本将低于跨区调配成本，因此，设计路径选择了"先产业、后跨区"的优化原则。也就是说，优化路径将首先考虑各地区内部不同产业之间水资源的调配，只有当地区内部生产用水资源不能满足各产业发展需要时，才考虑从京津冀的其他地区进行跨区域水资源调配。遵循上述原则，如果以经济发展为主要目标进行京津冀地区生产用水资源的优化，具体的优化路径如下：

（1）与现阶段水资源使用量相比较，河北省应当首先从第一产业用水中调出 10.86 亿立方米的用水，满足本省内部第二产业和第三产业用水需求。在此基础上，将剩余的 3.19 亿立方米的水资源在京津两地进行分配。其中，北京市大约从中分得 1.47 亿立方米，天津市大约分得 1.72 亿立方米。

（2）对于京津两地，在做好河北省水资源调入工作的同时，还需做好其内部生产用水资源产业间的分配。具体来看，北京市从第一产业大约调出 3 亿立方米的生产用水，再加上从河北省调入部分，第二产业大约增加 1 亿立方米生产用水，第三产业大约增加 3.47 亿立方米生产用水。天津市从第一产业大约调出 1.98 亿立方米的生产用水，再加上从河北省调入部分，第二产业大约增加 2.14 亿立方米生产用水，第三产业大约增加 1.56 亿立方米生产用水。

本章小结

　　本章主要根据第七章建立的京津冀地区水资源优化模型，在水资源总量既定不变的假设条件下通过赋予目标函数不同的权重，将多目标决策转化成为了单目标决策问题，对模型进行了求解。在此基础上以现阶段京津冀地区生产用水资源使用分布为对象，分别从产业层面和地区层面对 2020 年区域水资源优化之后的结果进行了比较分析。分析结果说明，京津冀地区第一产业水资源分配总量将有所下降，分配给第二产业和第三产业的水资源量将出现上升。由于河北省第一产业生产用水是调水主要来源，因此，与优化前结果相比，河北省在京津冀地区生产用水中所占比重将出现下降，北京市和天津市所占比重将出现上升。此外，资源集约目标和环境保护目标下的生产用水资源分配结果基本是一致的，而经济发展目标条件下的分配结果与二者略有差别。最后，本章综合上述研究结果，遵循"先产业、后跨区"的优化原则，设计了京津冀地区生产用水资源的优化路径。京津冀地区生产用水资源的优化结果为水资源地区间的调配提供了大致的方向，有利于相关部门提早做出科学决策和政策安排。

第九章　水资源优化的实现：
两个案例的对比分析

京津冀地区水资源理论上的优化结果需要辅以一定的制度保障才能在现实层面予以实现。水资源优化结果的实现本质上是水权的再分配，这个过程中的核心问题是再分配的机制及其衍生出来的利益补偿问题。一般意义上讲，水权由水资源的所有权、使用权、让渡权、收益权等几部分组成。由于我国明确规定"水资源的所有权由国务院代表国家行使"，因此水权交易或再分配实际上是水资源用益权的交易或再分配。①

对于水权的再分配，当前主要有市场化和行政化两种手段。2000年前后的"东阳—义乌水权交易"和近年的河北"四库调水"分别是中国较为典型的通过市场化手段和行政化手段进行水权再分配的典型案例。本章将通过对两个案例的剖析，比较水权再分配两种模式的适用范围，为后续的制度设计奠定基础。

第一节　"东阳—义乌水权交易"案例概况

一、水权交易的背景

如图9-1所示，东阳和义乌两市毗邻，同是浙江省金华市下辖的县级市。

———————————

① 因此，本书中将水权交易与水资源用益权交易视为同一个概念。

两市同处钱塘江重要支流金华江沿岸，处于流域的上下游位置。

图9-1 东阳—义乌位置关系

资料来源：根据实际水系状况绘制而成。

"东阳—义乌水权交易"案例发生在2000年前后。如表9-1所示，位于金华江上游的东阳市水资源相对丰富，市内的横锦水库每年具有5000多万立方米的市外供水潜力。东阳市人均水资源拥有量达到2126立方米，除了保持正常的生活、灌溉用水外，东阳市每年要向下游弃水3000多万立方米。相反，下游的义乌市供水能力严重不足，区域水资源相对缺乏，人均水资源量仅为东阳市的一半，全市大大小小的水库库容量加起来也只是横锦水库的1/2。

表9-1 东阳市与义乌市基本情况对比（2000年）

指标 城市	总面积 （平方公里）	人口（万）	水资源总量 （亿立方米）	人均水资源量 （立方米）	GDP （亿元）	人均 GDP（元）
东阳市	1739	78.79	16.08	2126	100.67	12794
义乌市	1103	66.84	7.19	1130	119.24	17945

资料来源：根据《浙江统计年鉴》（2001）数据整理而成。

由于义乌市经济飞速发展，城市规模不断扩大，水资源的供应关系到工农业生产和居民生活，义乌市迫切需要开辟新的水源渠道以满足城市发展的需求。当时，义乌市共有三条路径能够解决水资源短缺问题：第一，在原有水库的基础上进行扩建；第二，通过修建新的水库来增加蓄水量，并利用输水管道向城区供水；第三，出资向境外买水。在现实中，3 条路径共形成了 5 种具体方案，各方案的比较结果如表 9 - 2 所示。基于综合因素考虑，在所有可供选择方案中向东阳市购买横棉水库水权的收益最高。也就是说，从境外调水是最好的解决方案。

表 9 - 2　义乌市水资源短缺处理方案对比

方案	项目名称	工程投资额	供水量（万立方米/年）	优点	缺点
1	扩建巧溪水库	6000 万元	2000	立足本市，解决水危机	只能解决短期用水问题
2	扩建南山水库	4000 万元	600	立足本市，解决水危机	供水量太小
3	兴建花溪水库和王店水库	11.5 亿元 + 6000 万元	3600	立足本市，解决水危机	会淹没东阳土地，投资大
4	在浦江县兴建猴树林水库	1.8 亿元加管道建设和水厂建设费用	3100	可解决短期用水缺口	移民数量大、不可预见因素多、水质一般
5	向东阳县购买横锦水库水权	水权转让 2 亿元 + 管道投资 3.5 亿元 + 水厂投资 1.5 亿元	5000	水质好、充分利用本流域水资源、根本解决水危机	协调成本可能过高

资料来源：根据义乌市水利水电局发布的《关于义乌市中等城市供水水源规划的意见》整理而成。

二、被忽略的关键问题

产权明确是市场交易模式得以有效运行的必备前提，而这一关键问题似乎在东阳市与义乌市进行水权交易过程中被忽略了。理论上讲，如果位于流域上游的东阳市没有拥有金华江的水权，或者说东阳市并不是仅仅因为地处金华江上游而自动拥有水权，则双方进行水权交易的基础就不存在了。

产权的界定往往需要相关法律法规予以确定。与水权界定相关的法律法规主要体现在 2002 年颁布施行的《中华人民共和国水法》，2006 年颁布施行的《取水许可与水资源费征收管理条例》，2007 年颁布、2008 年施行的《水量分配暂行办法》以及 2008 年颁布、2009 年施行的《水资源费征收使用管理办法》。但东阳市和义乌市之间的水权交易发生于 2000 年，当时水权的界定基本处于"无法可依"的状态。

水权分配应遵循的原则主要包括沿岸赋权原则、先占优先赋权原则和行政赋权原则。沿岸赋权原则是指，只要土地所有者与河流等天然水体存在物理上的毗邻关系，则无须经过法律程序或者行政审批，土地所有者自然拥有水权。先占优先赋权原则是按照占有和利用水资源的时间先后来确定水权的取得以及优先位序。在具体操作过程中，如果难以追溯水资源使用时间的先后顺序，则流域上游地区权利人的用益权优先于下游地区。在行政赋权原则下，水资源归国家所有，中央政府代表国家行使水资源的分配权和管理权。

在"东阳—义乌水权交易"案例中，当时对东阳市境内金华江的支流东阳江并没有明确的初始水权分配。同时，水资源产权的界定需要很高的交易成本，甚至可能会高于通过水权交易给交易双方带来的整体福利的改进。因此，本着实用主义原则，当时实际上采用的是先占优先赋权原则来界定水权问题。不知有意还是无意，水权交易双方选择了一条成本最低的方式处理了实际上非常棘手的问题。实用主义原则，即绕过难以解决的瓶颈，在实践中逐步解决棘手问题，不仅是中国改革开放前期处理类似问题的基本经验，而且对当前一些关键问题的解决也具有一定的借鉴价值。它的意义也将不仅限于水权分配领域，对于其他关于产权界定问题的解决也有相当的参考价值。

三、水权交易协议内容

两市的地方政府曾多次对义乌向东阳购买横锦水库部分水权的问题进行谈判，核心问题是水权转让的年限。东阳市只同意出售有限期的使用权，义乌市则期望购买永久性的使用权，前四轮谈判都没有达成最终协议。2000 年 11 月，供需双方在"水权、水价、水市场"的理论指导下，通过友好协商，在一定范围内征求相关意见，经过两市政府的集体决策，在双方均获全票通过的前提下，双方政府领导出面签订了水权转让协议。

水权交易协议的主要内容为：①义乌市一次性出资 2 亿元购买东阳横锦水库每年约 5000 万立方米水的永久性使用权。②转让用水权后水库原所有权不变，水库运行、工程维护等工作仍由东阳市负责，义乌市按当年实际供水量每立方米 0.1 元支付综合管理费（包括水资源费、工程运行维护费、折旧费、大修理费、环保费、税收等所有费用）。③从横锦水库到义乌境内段引水工程由义乌市规划设计和投资建设，其中东阳境内段引水工程的管道工程施工由东阳市负责，费用由义乌市承担。此外，协议执行中，如有省级以上规范性文件规定需新增供水规费，东阳市将按文件规定向义乌市收取。除不可抗力因素外，东阳市应保证每年为义乌市留足 5000 万立方米的水量，如东阳市毁约，应双倍返还义乌市已支付的水权转让费，并双倍赔偿义乌市已投入的管道等工程费用及利息。协议中还规定了合同未尽事宜，双方协商解决。

表 9-3　东阳—义乌水权交易费用构成

	水权转让费	综合管理费	
		水价基数	水资源费
金额	2 亿元	0.1 元/立方米	0.08 元/立方米	0.02 元/立方米
内容	一次性购买东阳横锦水库每年 5000 万立方米水的供应额度	按当年实际供水量支付	包含了工程运行维护费、折旧费、大修理费等各种费用	可浮动费用

资料来源：根据浙江省水利厅发布的《关于东阳市向义乌市转让横锦水库部分用水权的调查报告》整理而成。

2005 年 1 月 6 日，从横锦水库到义乌的引水工程正式通水，中国首例水权交易获得了实质性的成功。时至今日，综合管理费随着社会经济的发展有所增加，但东阳市的供水一直很稳定。

四、再起争议

东阳市在实施横锦水库灌区节水改造并卖出横锦水库部分水权的同时，计划投资 4500 万元修建 8.2 千米引水隧道，从梓溪引入水 5000 万立方米至横锦水库。如图 9-2 所示，梓溪位于嵊州市的上游，是横贯嵊州境内长乐江的主要支流和主要水源地。该流域是嵊州人口最密集、工农业生产最发达的地区。嵊州市认为，东阳跨流域引梓溪水，出售的是本应流入嵊州的水，这种行为不仅损害了嵊州市的利益，而且其跨流域引水的做法还将对嵊州市的可持续发展，乃至整个长乐江流域环境造成危害。

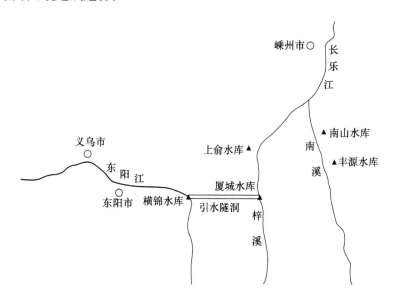

图 9-2 东阳引水工程示意

资料来源：根据实际水系状况绘制而成。

针对嵊州市提出的异议，绍兴市水利局于 2001 年 4 月 12 日向浙江省水利厅转报了《关于东阳市计划兴建梓溪引水工程将对我市带来严重影响的问题反映》的报告。省政府也迅速做出反应，由分管省长主持召开嵊州市、东阳市梓溪引水协调会议。省政府协调会议并没有否决东阳—义乌水权交易，而是在省政府的协调下进行谈判，最后决定向嵊州市给予两个方面的补贴：一是建设上俞水库满足嵊州市用水需求，并由省政府给以资金支持；二是东阳市帮助嵊州市政府做好兴建上俞水库和南山水库引水工程的相关工作。东阳市和嵊州市关于梓溪的水权纠纷最后通过省政府协调，主要基于市场化谈判模式得到了较好的解决。

实际上，嵊州市在东阳—义乌水权交易过程中提出的异议在本质上还是水权的界定问题。同时也意味着在水权交易过程中，不仅要处理好双方交易主体的利益分配，如何在成本可控的范围内兼顾第三方利益诉求，也是一个需要关注的问题。

第二节　河北"四库调水"案例概况

一、调水背景

流经北京市的共有永定河、潮白河、北运河、拒马河和沟河五大水系。图9-3反映了五大水系的分布状况。

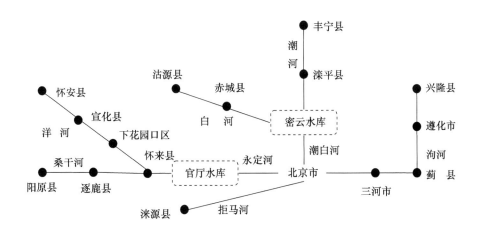

图9-3　北京市五大水系示意

资料来源：根据实际水系状况绘制而成。

1. 永定河

永定河是海河五大支流之一，是流经北京市的最大河流。永定河上游源于山西省宁武县的桑干河，在河北省怀来县与源自内蒙古高原的洋河交汇，流至官厅始名永定河。永定河全长747公里，流域面积为4.7万平方公里，流经山西、河北、内蒙古两省一区进入北京。位于河北省张家口和北京市延庆的官厅水库主要水源就是永定河。官厅水库面积最高可达280平方公里，常年水面面积为130平方公里，水库设计总库容为41.6亿立方米。永定河及官厅水库曾经是北京市重要的水源地，但由于污染严重，20世纪90年代末开始官厅水库一度退出北京市生活饮用供水体系，后治理力度不断加大，水质状况近年已经得到明显的改善。

2. 潮白河

潮白河上游由潮河和白河两条支流组成。潮河发源于河北省丰宁县，南流经古北口入密云水库；白河发源于河北省沽源县，沿途汇入纳黑河、汤河等，东南流入密云水库。出库后，两河在密云县河槽村汇合始称潮白河。潮白河全长467公里，流域面积为19354平方公里，是海河流域主要水系之一。拦蓄潮白河之水而成的密云水库是亚洲最大的人工湖，水库面积为188平方公里，水深40~60米，是北京市民用水和工业用水的主要来源。

3. 北运河

北运河全长186公里，历史上是一条通向北京的重要漕运河道。其上游为温榆河，源于军都山南麓，自西北而东南，至通县与通惠河相汇合后始称北运河。

4. 拒马河

拒马河是大清河的北支，发源于河北省涞源县西北太行山麓，在北京市房山区十渡镇套港村入北京市界。北京市境内干流长61公里，流域面积为433平方公里。拒马河的水量主要供河北省保定市和北京市房山区使用。

5. 泃河

泃河发源于河北省兴隆县将军关外的芧山、青灰岭，全长206公里，流域面积为2276公里。其中，流经北京市总长66公里，流域面积为952平方公里。

随着社会经济的发展，北京市的用水矛盾在21世纪前几年表现得愈加突出。

为保证北京市的用水安全，自 2008 年 9 月开始，河北省岗南、黄壁庄、王快、安各庄四座水库向北京应急调水，共计四次。其中，黄壁庄水库位于河北省鹿泉市黄壁庄村附近的滹沱河干流上，控制流域面积为 23400 平方公里，水库总库容为 12.1 亿立方米，正常蓄水水位为 120 米；岗南水库位于河北省平山县岗南镇附近的滹沱河干流上，距省会石家庄 58 公里，是海河流域子牙河水系两大支流之一——滹沱河中下游重要的大型水利枢纽工程，控制流域面积为 15900 平方公里，总库容为 15.71 亿立方米；王快水库位于河北省保定市曲阳县境内大清河南支沙河上游，控制流域面积为 3770 平方公里，总库容为 13.89 亿立方米；安各庄水库位于河北省保定市易县境内的安各庄村西，位于易水中上游，控制流域面积为 476 平方公里，总库容为 3.0339 亿立方米。河北省"四库调水"的实施为保障北京供水安全，促进首都地区经济社会发展发挥了重要作用。

二、调水过程

河北省"四库调水"主要从 2008 年开始分四次完成，表 9 - 4 反映了四次调水过程的水量和相关调水文件等信息。

表 9 - 4 河北四库四次调水对比

	第一次调水	第二次调水	第三次调水	第四次调水
起止时间	2008.9～2009.7	2010.5～2011.5	2011.7～2012.7	2012.11～2014.4
河北调出水量（亿立方米）	4.35	4.31	4.96	5.77
北京实际收水量（亿立方米）	3.34	3.57	4.33	4.80
有关文件	《北京 2008 年应急调水实施方案》	《2010 年河北省三库（岗南、黄壁庄、王快）向北京市应急调水实施方案》	《2011 年河北省四库向北京市应急调水实施方案》	《2012 年河北省四库向北京市应急调水实施方案》

续表

	第一次调水	第二次调水	第三次调水	第四次调水
编制机构	水利部	海河水利委员会	海河水利委员会	海河水利委员会
颁布机构	国务院	水利部	水利部	水利部

资料来源：水利部海河水利委员会。

为缓解南水进京前北京的水资源短缺问题，根据国务院批准的调水方案，河北向北京的第一次应急调水工作于 2008 年 9 月 18 日开始实施。截至 2009 年 7 月，从岗南水库、黄壁庄水库、王快水库向北京调水 4.35 亿立方米。

河北省第二次"四库调水"始于 2010 年 5 月。按照水利部统一部署，海河水利委员会编制了《2010 年河北省三库（岗南、黄壁庄、王快）向北京市应急调水实施方案》，确定 2010 年度应急调水规模为 2 亿立方米。至 2011 年 5 月第一次调水工作完成时，从岗南水库、黄壁庄水库、王快水库、安各庄水库向北京共计调水 4.31 亿立方米，北京实际收水 3.57 亿立方米。

为缓解北京市严峻的水资源形势，水利部根据北京市水务局请示，决定 2011 年继续实施河北省四库向北京应急调水。2011 年 7 月 1 日，水利部印发了海河水利委员会会同有关单位编制的《2011 年河北省四库向北京市应急调水实施方案》，确定 2011 年河北省四库向北京市应急调水第一期调水量为 1.2 亿立方米。2011 年 7 月 21 日，河北省黄壁庄水库提闸放水，应急调水工作正式开始。根据北京市用水需求和河北省四库汛后来水情况，经各方多次协商并经水利部同意，决定增加向北京调水 3.2 亿立方米，调水总量由 1.2 亿立方米调整为 4.4 亿立方米。此次调水从 2011 年 7 月 21 日至 2012 年 7 月 31 日，历时 377 天。最终，河北省四库共向北京调水 4.96 亿立方米，北京收水 4.33 亿立方米，超额完成原定向北京市调水 4.4 亿立方米的调水任务。

2012 年，北京市水资源情势依旧十分紧张，城市供水形势不容乐观。按照水利部的统一部署，海河水利委员会同有关单位在深入分析北京市水资源情势与供需状况、河北省四库蓄水及用水形势的基础上，编制完成了《2012年河北省四库向北京市应急调水实施方案》。此次调水过程中，海河委员会继续沿用了前几次调水的组织机构和工作方式。根据该实施方案，利用"南水北调"中线京石段总干渠及其与黄壁庄、王快、安各庄水库的连接渠，从上述4座大型水库调水进京。2012年11月21日10时，随着黄壁庄水库闸门缓缓开启，第四次应急调水正式拉开了序幕。截至2014年3月，河北四库向北京调水5.77亿立方米，北京实际收水4.8亿立方米。

累积下来，河北省岗南、黄壁庄、王快、安各庄四座水库四次累计调出水量达到19.4亿立方米，北京实际收水约16.04亿立方米，河北年均调水量约占北京年用水总量的1/10。按照有关文件的规定，北京市财政每年向河北省支付2.5元/立方米的水资源补偿费。以此计算，河北省通过"四库调水"合计获得经济补偿48.5亿元左右。

第三节　案例比较

总体而言，"东阳—义乌水权交易"是在政府参与下，更多依靠市场化手段进行的永久性水权交易。河北"四库调水"则几乎完全是在政府主导下，更多依靠行政命令进行的临时性水权交易。这两种交易模式在交易主体关系、初始产权分配、水资源供需关系、利益驱动等方面均存在巨大差异。

一、交易主体的关系

作为河北"四库调水"的受水地，北京市是中国的首都，同时也是京津冀地区的核心城市。作为中国的政治、经济和文化中心，北京市的发展长期以来受到国家政策的大力扶持。仅就环境保护而言，在一些重要会议活动期间，经常通过行政手段采取对周边地区高排污企业限产停产、机动车限行等措施保证大气质量。供水安全是事关北京市社会民生和经济发展的"头等大事"之一。在"全国一盘棋"的大背景下，北京市在水权交易过程中占有得天独厚的优势地位，这是任何交易对手所不可比拟的。在水资源管理方面，河北省在保证本地区社会经济发展用水需求的同时，还承担着北京市重要水源地和供水安全的重要职责。在海河流域水资源总量十分有限的情况下，保证北京市用水需求往往被放在优先位置。基于北京市在全国的重要性程度，中央政府能够居中协调，充分发挥采用行政手段高效配置资源的优势，在短时间内完成水资源的再分配。

东阳市和义乌市的水权交易案例不具有河北省向北京市进行"四库调水"的基本背景。同作为浙江省金华市下的县级市，东阳市和义乌市在全国的重要性程度与北京市不可比拟，因此上级政府依靠行政手段强力介入水权再分配的紧迫性和可能性就相对较低。但是，这也恰恰给了通过市场化手段达成水资源再分配的空间。

二、初始产权的分配

在"东阳—义乌水权交易"中，由于对东阳江水资源用益权没有进行明确的初始产权分配，本着实用主义原则，交易过程中按照惯例采用先占优先赋权原则分配水权，由此东阳市拥有水资源优先使用权。

由于在"东阳—义乌水权交易"之后，中国水资源管理和立法工作加速推进，河北"四库调水"过程中的相关机构管理职责和水权分配相对明确。作为流域水资源管理机构，海河水利委员会根据《中华人民共和国水法》和其他相关法律制度，结合海河流域水资源实际，制定了流域内部的部门规章，对流域水资源分配以及争议处理等问题进行了较为具体的制度安排。其中，对海河流域内部取水权管辖范围做出明确："根据有关法律法规的规定和水利部的授权，海委取水许可的管理权限如下：海河、滦河干流以及其他跨省、自治区、直辖市河流的指定河段限额以上的取水；省际边界河流限额以上的取水；跨省、自治区、直辖市行政区域的取水；由国务院或者国务院投资主管部门审批、核准的大型建设项目的取水；海委直接管理的河道（河段）内的取水。"此外，国务院于2012

年初颁布了《关于实行最严格水资源管理制度的意见》，提出了水资源管理的
"三条红线"，着重通过控制用水总量、提升用水效率、限制污水排放"三大措
施"提升水资源管理水平。其中，如表9-5所示，北京市和河北省的用水总量
控制目标已经在2013年1月颁布的《实行最严格水资源管理制度考核办法》中
予以明确规定，实际上也是对北京市和河北省的水资源的用益权进行了间接分
配。因此相对于"东阳—义乌水权交易"案例而言，河北"四库调水"过程中
的水权界定是相对明确的。

表9-5 北京市和河北省用水总量控制目标

地区　　　　年份	2015	2020	2030
北京（亿立方米）	40.00	46.58	51.56
河北（亿立方米）	217.80	221.00	246.00

资料来源：根据《实行最严格水资源管理制度考核办法》整理而成。

三、水资源的供需关系

义乌市在人口迅速集聚、经济飞速发展、城市快速升级的同时，对水资源的
需求也快速增长。东阳市水资源比较丰富，具有较强的市外供水潜力。义乌市有
需求，东阳市有供给能力，有利于采用市场化手段进行水权交易，将东阳市的农
业用水转换为义乌市的工业用水和生活用水。实际操作过程中，东阳市将富余的
1/3的水转让，另外2/3作为未来发展的储备，这不仅不会影响全市的灌溉和城
镇供水，还可以利用水权转让资金加快水利设施改造步伐，把节约用水能力提高
到一个新的水平。

与之相对应，在河北"四库调水"案例中，水资源调出方河北省也属于水
资源严重短缺省份。如表9-6所示，河北省的年均水资源总量仅为205亿立方
米，可利用量不足170亿立方米，人均水资源占有量为307立方米，仅为全国平
均值的1/7，远低于国际公认的人均500立方米"极度缺水"标准。河北省水资

源现状表明河北省没有境外供水能力，而北京市有用水需求，所以很难采用市场手段进行水资源的再分配，只有选择行政命令才能够提高水资源优化配置的效率。或者说，在水资源总量匮乏的条件下，行政命令才是解决水权再分配的唯一有效率的途径。

表 9 - 6　河北省水资源相关数据

河北			全国人均水资源量	国际极度缺水标准
水资源总量 （亿立方米）	可利用量 （亿立方米）	人均水资源量 （立方米/人）	（立方米/人）	（立方米/人）
205	170	307	2150	≤500

资料来源：根据历年《中国统计年鉴》数据整理而成。

四、利益驱动因素

在市场经济条件下，只有交易双方都认为在交易过程中能够产生福利的改进，交易才能够达成。如表 9 - 7 所示，东阳市以 3880 万元的灌区改造投资和 4500 万元的梓溪开发投资，获得了 2 亿元的水利建设资金以及每年约 500 万元的供水收入。如果东阳市不卖出部分水权，每年也会向下游弃水，造成水资源的浪费。采取节水和增水措施，将富余的水资源转让给需水方，能使水资源产生最大效益。虽然很难计算出作为受水地区的义乌市在水权交易过程中具体的净收益，但从其努力推进水权交易并最终达成水权购买协议的行为本身，即可推断义乌市应该是从中获益的。因此在"东阳—义乌水权交易"案例中，双方均产生福利的增进，水权再分配过程满足帕累托改进条件。

表 9 - 7　东阳市在水权交易过程中的成本—收益分析

节水成本	增水成本	总收益		净收益	
灌区改造投资	梓溪开发投资	水权转让费	年供水收入	一次性净收益	每年净收益
3880 万元	4500 万元	2 亿元	500 万元	11620 万元	500 万元

资料来源：根据东阳市水利水电局公布的《东义水权交易过程》整理而成。

在通过行政手段达成的水权交易过程中，也会存在水资源的补偿价格，但这个补偿价格往往偏离其真正的市场价格。为了弥补市场价格缺失的不足，现有研究往往采用影子价格对水资源使用过程真正的边际收益进行估算。根据有关数据计算得到北京市和河北省在规模报酬可变条件下的水资源影子价格，北京市的平均值大约为18元/立方米，河北大约为15元/立方米。从经济效率的角度讲，同样是一个单位的水资源，在北京会产生更大的经济效益，通过河北四库向北京调水可以提高水资源的利用效率，创造更大的经济价值。对于受损方河北，北京应该给予合理的经济补偿。在不考虑交易成本的情况下，理论上只要补偿金额介于15~18元/立方米，就会产生双方福利的改进。但实际上，北京市财政每年向河北省支付的引水价格为2.5元/立方米，远远低于理论上的帕累托福利改进价格区间，甚至是北京市自身的供水价格。正因为水资源的补偿价格偏低，河北省几乎无利可图，甚至还要面临大约每立方米12元的经济损失。在利益受损的条件下，"四库调水"完全依靠市场化手段几乎是行不通的，依靠行政命令达成水资源再分配成为唯一的可行解。

第四节　水权交易须解决的关键问题

水资源在理论上得到的优化结果在现实层面得以实现关键是要建立能够使水权低成本进行交易的机制和制度。通过"东阳—义乌水权交易"案例和河北"四库调水"案例的分析和比较可以发现，水权交易得以实现需要关注以下关键问题：

一、水权界定问题

产权界定是市场交易得以达成的前提和基础。无论是通过市场化手段还是通过行政化手段达成水权的交易，首要工作都是需要对水权归属进行界定。从本质上讲，由于水权存在权利行使的不确定性、优先权的模糊性、公权与私权的并行性，水权的初始界定或多或少都要借助于行政手段并通过相关立法予以明确。因此，市场化手段和行政化手段的区别主要在于交易过程，而非水权界定过程本身。如果水权归属是模糊的，那么应该参考"东阳—义乌水权交易"案例中交易双方处理问题的方式，不应该过多纠缠于水权归属，本着实用主义原则在双方都能接受的条件下达成水权的交易。

二、水资源补偿问题

水资源优化和水权交易的本质是对利益进行再分配。参考理论上的优化结果，配之以高效率的水权交易，才能够增加相关各方的福利，其结果应该是帕累托改进的。帕累托改进得以实现的关键问题是水资源补偿的价格问题。"东阳—义乌水权交易"案例主要采用市场化手段进行水权交易，供求双方通过谈判决定水资源补偿价格，只要信息对称双方通过交易必然均能产生福利改进。在河北"四库调水"案例中，由于缺乏市场机制的作用，通过行政手段形成的水权交易价格往往不能真正反映水资源的经济价值。因此，从水权交易双方福利状态的改进而言，市场化手段较行政化手段更容易达成帕累托改进。但需要注意的是，通过谈判达成的市场化水权交易往往对应较高的交易成本，并会对交易双方的整体福利带来损耗。当交易成本带来的福利损耗高于水权交易带来的福利改进时，行政化手段可能具有更高的效率，甚至可能是将水资源优化结果付之于实践的唯一可行路径。

三、政府的角色问题

在水权交易过程中，相关政府承担的角色和发挥的作用往往会因选择的交易方式和手段的不同而不同。在以市场化手段为主的"东阳—义乌水权交易"案例中，地方政府是水资源地区间优化交易的主体，上级政府仅承担协调人的角色，一般情况下不过多介入水权交易过程本身。在以行政化手段为主的河北"四库调水"案例中，地方政府仍然是水资源地区间优化交易的主体，但上级政府往往从确定交易数量和补偿价格等方面全方位介入交易过程，是水资源优化结果在现实层面得以实现的主要推动者。

四、水资源产业间优化问题

一个容易被忽视的问题是水资源优化不仅涉及地区间的水权交易，往往还涉及产业间的再分配。地区间优化的主体一般是上下游地方政府，产业间优化的主体一般是同一地区内部或不同地区之间不同部门的水资源使用者。以河北"四库调水"为例，调水过程是将河北省的农业用水转化为北京市的第二产业用水和第三产业用水。由于边际收益的不同，水资源在不同产业间能够产生的边际收益往往具有较大的价差，这个问题需要在水资源补偿过程中予以充分的考量。

五、交易手段选择问题

"东阳—义乌水权交易"案例和河北"四库调水"案例分别代表了水权再分配过程中市场化和行政化两种手段。一般意义上讲，如果存在一个完备的市场，通过市场化手段达成水权交易应当更具有效率。在理论上，通过市场化手段完成水权交易也具有易于确定交易价格、易于实现帕累托福利改进等优势。但现实中，完全市场化的水权交易手段往往受限于高额的交易成本。与一般商品相比较，水资源的产权界定更加困难，使用过程也更易受外部性影响，并且水资源的供给弹性大、需求弹性小，这些都在一定程度上影响了市场作用的发挥。因此，市场化手段可作为水权交易的长远目标，行政化手段可作为解决短期棘手问题的有效手段，在行政化资源配置过程中不断探索加大市场的作用，这可能是一条比较可行的实现水权交易和水资源优化配置的路径。

本章小结

水资源优化在实践层面反映为参照优化结果将水权在地区和产业间进行再分配的过程。本章通过"东阳—义乌水权交易"案例和河北"四库调水"案例,对市场化和行政化两种水权再分配手段进行了比较分析。在对两个案例进行简要描述的基础上,从交易主体的关系、初始产权的分配、水资源供求关系和利益驱动因素四个方面对两个案例及其对应的两种水权再分配手段进行了比较。在此基础上,本章提出了水权再分配亟须解决的五个关键问题,即水权界定问题、水资源补偿问题、政府的角色问题、水资源产业间优化问题以及水权交易手段的选择问题。本章研究内容为后续水资源优化保障机制的设计提供了经验参照。

第十章　水资源优化的实现：
福利分析与保障机制

第一节　水资源优化过程中的福利分析

　　从福利经济学角度分析，经济政策上的优化一般对应两种福利状态的变化：帕累托改进和卡尔多—希克斯改进。其中，帕累托改进是经济政策在没有使任何人境况变坏的前提下，使得至少一个人变得更好。卡尔多—希克斯改进是经济政策会导致一些人福利增加，另一些人福利减少，但通过政策使得受益者补偿受损者之后仍存福利剩余。相对于帕累托最优条件，卡尔多—希克斯最优是福利经济学中较为宽松的最优状态。按照帕累托标准，政策的施行过程中只要有任何一个人受损，整个社会变革就无法进行。但按照卡尔多—希克斯标准，政策施行如果能够使得整个社会收益增大，变革也可以进行，无非是如何确定补偿方案的问题。

　　京津冀地区水资源优化结果能够真正地在地区和产业两个层面实现，关键之处在于两点：整体福利的增进和增进后福利的分配。水资源优化结果基本回答了如何实现整体福利的增进，本章将对如何实现增进后福利分配的问题展开进一步分析。

一、水资源地区间优化的福利分析

假设流域中存在 A 和 B 两个地区，并且两个地区生产一种（一类）同质的商品 G。同时，除 A、B 两个地区之外的其他地区也产出商品 G，即无论上游地区还是下游地区，对于商品 G 都不能形成市场垄断，商品 G 的市场价格 p 为外生常数。

为了保证模型的可比性，假设 A 和 B 两个地区除了水资源投入之外其他的生产要素投入完全相同，并不考虑生产成本。由此，A 和 B 两个地区的产出水平和福利水平主要与水资源的投入数量和利用效率有关。设 A 地区商品 G 的产量水平为 $Q_1 = W_1 \theta m$，其福利函数为 $\pi_1 = pQ_1 = pW_1 \theta m$。设 B 地区商品 G 的产量水平为 $Q_2 = W_2 m$，其福利函数 $\pi_2 = pQ_2 = pW_2 m$。其中，W_1 和 W_2 分别代表 A 和 B 两地区生产过程中各自的水资源投入量，m 表示水资源利用的效率系数，θ 表示水资源利用效率调整因子。如果存在 $\theta > 1$，则表示 A 地区水资源利用效率高于 B 地区；存在 $\theta < 1$，则表示 A 地区水资源利用效率低于 B 地区；存在 $\theta = 1$，则表示两个地区水资源利用效率相等。

假设从 A 地区向 B 地区调出水资源量 $\overline{W}$，此时 A 地区的福利水平及其与调出水资源之前相比较的福利变化量分别如式（10-1）所示：

$$\pi'_1 = p(W_1 - \overline{W})\theta m$$

$$\Delta \pi_1 = \pi_1 - \pi'_1 = -p\overline{W}\theta m \qquad (10-1)$$

B 地区的福利水平及其变化量分别如式（10-2）所示：

$$\pi'_2 = p(W_2 + \overline{W})m$$

$$\Delta \pi_2 = \pi_2 - \pi'_2 = -p\overline{W}m \qquad (10-2)$$

此时，区域整体的福利变化如式（10-3）所示：

$$\Delta \pi = \Delta \pi_1 + \Delta \pi'_1 = p\overline{W}(1-\theta)m \qquad (10-3)$$

对式（10-3）由 $\frac{\partial \Delta \pi}{\partial \overline{W}} > 0$ 解得 $\theta < 1$，即当 A 地区水资源利用效率低于 B 地

区时，从 A 地区向 B 地区调水可达成区域整体福利的增进。

继续分析水资源补偿政策对于 A 地区和 B 地区福利分配的影响。如图 10 - 1 所示，在不存在水资源补偿政策的条件下，如果存在 θ < 1，则区间 ab 为 A 地区的福利损失量，ac 为 B 地区的福利增加量，bc 为区域整体福利的增加量。并且，水资源利用效率调整因子 θ 越小，区域整体福利的增加量 bc 就越大。进一步，在存在水资源补偿 S 的条件下，有以下几种情形：

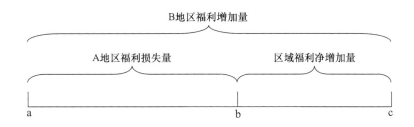

图 10 - 1　水权再分配对于 A 地区和 B 地区福利的影响

（1）如果 S < ab，则水资源补偿 S 不足以弥补 A 地区的福利损失量。此时，A 地区福利受损，B 地区福利增加，区域整体福利形成卡尔多—希克斯改进。

（2）如果 S = ab，则水资源补偿 S 刚好弥补 A 地区的福利损失量，区域福利净增加量 bc 完全归属 B 地区所有。此时，A 地区福利不变，B 地区福利增加，区域整体福利形成帕累托改进。

（3）如果 ab < S < ac，则水资源补偿 S 不仅弥补了 A 地区的福利损失量，还存在剩余。此时，A 和 B 地区福利水平都增加，区域整体福利依然形成帕累托改进。

（4）如果 S = ac，则区域福利净增加量 bc 完全归属 A 地区所有。此时，A 地区福利增加，B 地区福利不变，区域整体福利仍然形成帕累托改进。

（5）如果 S > ac，则水资源补偿 S 超过了 B 地区的福利增加量。此时，A 地区福利增加，B 地区福利受损，区域福利形成卡尔多—希克斯改进。

在自利经济人假设的前提下，如表 10 - 1 所示，在信息完备条件下情形一和情形五由于一方的福利受损，单纯借助市场手段是不可能自动达成的。或者说，情形一和情形五是只有借助行政手段才能达成的福利状态。情形二、情形三和情形四由于能够产生水权交易双方福利的改进，在交易市场完备的前提下，有可能通过市场化手段自动完成。但关键问题是图 10－1 没有考虑交易达成所产生的交易成本。如果存在交易成本 C＞bc，即交易成本超过水权再分配产生的净福利增加量，则市场化手段是无效的。交易成本 C 主要包括 A 地区或 B 地区保护水权不受其他人外部性影响的成本，A 地区和 B 地区达成水权交易的谈判成本，A 地区和 B 地区在交易过程中的信息搜寻成本，A 地区或 B 地区给予对方机会主义行为的惩罚成本等。在交易成本超过水权再分配产生的净福利增加量时，水权的再分配依靠行政手段依然可以完成。只不过从福利角度而言，这项经济政策的结果既不能达成帕累托改进，也不能达成卡尔多—希克斯改进。

表 10－1　水资源补偿政策及其对福利的影响

补偿区间	福利状态	借助手段
S＜ab	卡尔多—希克斯改进	必须采取行政手段
S＝ab	帕累托改进	可采取市场化手段
ab＜S＜ac	帕累托改进	可采取市场化手段
S＝ac	帕累托改进	可采取市场化手段
S＞ac	卡尔多—希克斯改进	必须采取行政手段

关于水资源地区间优化的福利分析可以得到以下结论：

首先，水资源利用效率的差异是形成水资源地区间再分配的前提。作为"看不见的手"，市场的力量驱使稀缺资源向利用效率更高的地区进行流动和配置。只要地区之间存在水资源利用效率的差异，并且存在一个完备的市场，理论上来讲水资源的再配置就会发生。现实中，水资源地区间的再配置往往较为困难，并非市场机制本身失灵，而是由于自然的或人为的因素阻碍了优化配置的发生。如跨区调水成本过高、交易市场的缺失、水权界定不清、第三方行为产生的外部性影响等。

其次，交易成本是影响水权再分配手段的关键因素。地区间水资源利用效率的差异会产生水权再分配的推力。并且利用效率差距越大，这个推力也就越大，产生的福利改进空间也就越大。但是，福利的改进会被水权再分配所产生的交易成本所侵蚀。在交易成本较低的条件下，通过市场化手段进行水权再分配的可行性较强。反之，在交易成本高企的条件下，水权再分配的福利改进空间就较小，市场化手段产生的推力就相对较弱，往往需要行政手段推进水权再分配的发生。

再次，通过市场化手段完成的水权再分配伴随着帕累托改进的发生。由于市场交易的达成往往以交易主体的自愿性为前提，因此，通过市场化手段完成的水权再分配往往伴随着帕累托改进的发生。不同地区之间进行的讨价还价最终只会影响双方福利改进的幅度，而不会影响福利改进的方向。因为只要信息是完备的，一旦一方认为福利受损，就会退出水权再分配的交易，通过市场化手段进行资源配置就不会达成。

最后，在通过行政化手段进行水权再分配时，上级政府决定了福利的分配结果。相对于市场化手段而言，依靠行政指令完成的水权再分配在一定条件下往往对应着更低的交易成本。但与此同时，行政化手段进行水权再分配所产生的福利结果是不确定的。水资源地区间再分配过程既可能伴随着帕累托改进，也可能对应着卡尔多—希克斯改进，甚至在特殊情况下还可能产生区域整体福利水平的下降。福利分配的结果完全取决于上一级政府对于区域整体发展的偏好及由此产生的行政指令。因此，依靠行政化手段完成的水权再分配往往发生于市场不完备之时，政策制定和执行过程中也应特别关注政策对于地区间福利的影响。

二、水资源产业间优化的福利分析

水资源在地区间优化的同时，还存在产业间优化的问题。由于使用过程中边际收益的巨大差异，水资源产业间优化往往是农业用水改变其本身的农业用途，转变为工业用水或第三产业用水。对于京津冀地区来讲，造成水资源"农转非"现象出现的原因，一方面是伴随着工业化进程的加快和城市化程度的提高，京津冀地区的工业用水和第三产业用水需求不断增加；另一方面是农业用水和非农用水的价格相差极大，水资源产业间优化存在巨大的"套利"空间。

与水资源的地区间优化相类似，如图 10-2 所示，水资源的"农转非"过程主要由两部分组成：其一是水资源的转移过程，其二是水资源的补偿过程。水资源"农转非"的实现往往在政府的宏观调控下完成。农业部门利用节水设施在保证农业基本用水的情况下将节余的农业用水通过政府转让给工业或第三产业部门，提高水资源的利用效率，满足非农部门的用水需求。从福利角度而言，水资源"农转非"实际上是与农业生产相关的福利转让，为了保障农民的利益，工业或第三产业部门应该对这部分转让的用水权进行必要补偿，进而在保证农业产出水平的条件下达成福利上的帕累托改进。

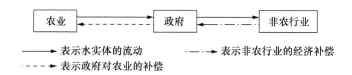

图 10-2 水资源"农转非"示意图

水资源的"农转非"重点要加强对水资源的数量管理，其基本原则是"保障农业灌溉，转让节余水量"。也就是说，水资源"农转非"的标的必须是在保证正常的农业生产活动基本需求之外的节余水量。因此，政府部门必须发挥好宏观调控作用，严格管理转移数量，保证农业的稳定生产，做到"保证农业生产与提升用水效率"二者兼顾。

将节余水量 M 用公式表示为：

$$M = W - \zeta Q \tag{10-4}$$

其中，W 为原有的农业用水总量，Q 为农业需达到的目标产出水平，ζ 为单位农业产出的水资源使用量，ζQ 为实际的农业用水总量。ζ 的倒数反映了农业用水效率，并被认为是与技术水平 T 有关的函数，表示为 ζ (T)。存在 $\partial \zeta / \partial T < 0$，即技术水平的提高会使 ζ 减小，技术水平的降低会使 ζ 增大。因此，节余水量 M

还可表示如式（10 - 5）所示：

$$M = W - \zeta(T)Q \tag{10-5}$$

根据式（10 - 5）可知，要想达到农业的目标产出水平 Q，同时节水量 M 增加，只能通过减小系数 ζ（T），提高农业用水的技术水平 T。当农业灌溉用水的技术水平提高时，可转让的节余水量增加，水资源流向能产生更大价值的非农业部门，不仅实现了水资源的充分利用，还增加了社会的整体福利。

进一步，考虑水资源"农转非"的成本，农业节余水量转让给非农业部门后带来的福利变化如式（10 - 6）所示：

$$\eta = PM - I \tag{10-6}$$

在式（10 - 6）式中，η 为水资源"农转非"产生的福利，P 为"农转非"后节余水量的转让价格，I 为农业节水技术开发、"农转非"调水等方面产生的成本。当 $\eta \leq 0$ 时，农业节余水量转让后所产生的收益不能够或仅仅刚好弥补相关成本，农民或者农业部门由于不能获得福利改进，也就没有节水动力。相反，当 $\eta > 0$ 时，农业节余水量转让后所产生的收益大于农业节水技术开发、"农转非"调水等方面产生的成本，能够产生福利的改进，并由此对农民或者农业部门形成节水激励。此时，在保障农业总产出目标的前提下，将有更大数量的农业节余水量被转让给非农部门，实现水资源的最大化利用。

关于水资源地区间优化的福利分析可以得到以下结论：

首先，非农产业部门投入单位水资源产生的边际收益必然高于农业生产部门，因此二者间存在着巨大的价格差以及由此形成的"套利空间"。因此，相关水资源管理部门有必要加强管控，设定农业用水红线，保证农业生产基本的用水需求。

其次，正因为农业部门与非农部门之间存在巨大的价格差，在水资源可实现产业间优化的条件下，可以刺激利益相关者（既可能是农业生产部门，也可能是非农部门或其他第三方）开发农业节水技术，以使其能够节余更多的农业用水。由此，能够促进农业用水利用效率的提升和整体福利的改进。

再次，在水资源"农转非"过程中，对农业部门和相关生产者实施必要的水资源补偿是实现农业用水效率提升的必要条件。而且，水资源补偿的力度越大，相关利益主体进行农业节水的动力也就越大。

最后，阻碍水资源产业间优化的关键因素往往是缺乏产业间的用水权转让机制。只要有设计合理的水资源产业间转让机制，通过市场的力量就可以引导水资源在产业间得到合理的配置，同时提升水资源的利用效率和节水技术的开发。

第二节　水资源优化过程中的保障机制

一、水资源优化的补偿机制

京津冀地区水资源优化从本质上讲是利益的优化。因此，为了使理想中的水资源优化结果得以实施，还必须建立水资源补偿机制，对水资源优化有关各方进行利益再分配。水资源补偿定义为主要发生在流域上下游之间，以实现水资源可持续利用和区域经济平衡发展为目标，水资源过度使用方给予水资源使用数量削减方的、以经济手段为主要表现形式的跨区域资源禀赋利益再分配政策。其中，水资源使用是否过度以水资源用益权的界定为基础，水资源补偿价格是决定补偿规模的核心变量。

对于水资源用益权界定问题，中国一直以来实行的都是行政赋权原则。如《中华人民共和国水法》第三条明确规定："水资源属于国家所有；水资源的所有权由国务院代表国家行使。"第四十四条明确规定："国务院发展计划主管部门和国务院水行政主管部门负责全国水资源的宏观调配；全国的和跨省、自治区、直辖市的水中长期供求规划，由国务院水行政主管部门会同有关部门制定，经国务院发展计划主管部门审查批准后执行；地方的水中长期供求规划，由县级以上地方人民政府水行政主管部门会同同级有关部门依据上一级水中长期供求规划和本地区的实际情况制定，经本级人民政府发展计划主管部门审查批准后执行。"在行政赋权体系下，水资源地区间分配完全取决于中央政府的行政指令。基于行政赋权体系的水资源补偿基准在选择上不过多纠结权利划分结果的合理性，而将现有分配结果视为既成事实，仅依据行政赋权体系之外增量的跨地区水资源调度为基准，确定水资源补偿规模。

更为难以确定的是水资源补偿价格。其一，政府制定的水价不能等同于补偿价格。中国现行水价并非水资源真正的市场价格，而是由政府综合考虑水资源使用成本、经济发展客观需要、社会承受能力等方面因素制定的行政价格。因此，现行水价并不能真正反映水资源对企业或居民的边际贡献，也就不能反映水资源真正的经济价值。其二，虽然通过计算历年的"GDP 总量／水资源使用总量"能够非常容易地解出某地区消耗单位水资源所达到的产出水平，但该方法也容易导致对水资源补偿价格的"误读"。因为，某地区 GDP 的变化不仅取决于水资源投入，还取决于生产技术水平、劳动力投入、资本存量等多方面因素。必须将除水资源使用量之外其他因素变化加以剔除，才能确定水资源与产出水平的真正对应关系，也才能较为真实地对水资源补偿价格进行估计。其三，影子价格虽然在理论上能够较为接近地反映某地区通过增加水资源使用所产生的边际收益，或减少水资源使用所对应的边际损失，更贴近于缺乏市场或市场价格扭曲状态下资源的真正价值。但采用不同的估计方法和不同的投入变量，影子价格的估计结果可能具有很大差异，因此，影子价格本身更适于进行理论层面的分析，或至多作为定价的参考值。历史经验告诉我们，真正的补偿价格还有待于水资源补偿双方主体根据水资源本身的供求关系由双方通过谈判——"讨价还价"方式予以确定。谈判机制的有效建立又有待于良好的水资源用益权交易市场机制的建立。

二、水资源优化的约束机制

如果说水资源补偿是保证京津冀地区水资源优化结果得以实现的激励机制的话，那么还必须对有关各方主体可能采取的机会主义行为进行必要的约束，才能保证水资源优化的结果真正得以实现。而且，二者缺一不可，不能偏废。其中，最为关键的是构建起保障水资源优化方案得以顺利实施的法律体系，通过"依法治水"保证优化方案得以有效实施。

首先，水资源优化归根结底是在流域各方整体利益最大化的基础上，对同一流域不同地区的企业与企业、居民与居民之间展开的经济利益再分配。基于此点考虑，水资源优化方案实施的相关法律制度构建过程应当充分吸收相关利益主体的广泛参与，具体参考各方的意见和建议。广泛参与性首先应该体现在相关法律制度的立法过程中。立法过程应通过对流域上下游地区三次产业和城乡居民意见的广泛征求，在坚持向水源地进行适度的政策倾斜情况下，在规则制定层面兼顾不同主体各自的利益诉求，合理分配利益关系。广泛参与性还应该体现在法律制度的执行过程中。执行过程应通过组织机构、决策程序等机制将重大问题决策权下放，从法律制度层面减少水资源优化在不同地区的实施阻力。

其次，法律制定过程中可考虑适当向上游河北地区进行适当政策倾斜。其原因在于以下几点：其一，在历史上包括水资源在内的诸多环境资源因其在数量上的非稀缺性而被定义成"自然要素"，被视作经济发展的外生变量为政府和企业所忽视。但是，随着稀缺性日益增强，水资源的经济属性逐渐被重视。从产权角度而言，资源产权归属与其衍生出的经济利益之间天然存在密不可分的相关性。即使将水资源所有权定义为国家所有，但从经济学基本原理出发，更具实践意义的用益权归属与用益权行使所产生的经济利益之间虽不必是一一对应的，但至少也是紧密关联的。在现有水资源法律制度框架中，水源地基于自然禀赋优势获取的用水顺位及利益分配上的优先权并未得到充分的体现与保护，不仅违背了产权理论中一些最基本的行为准则，实际上也间接否定了水资源经济价值的存在。因此，基于还原水资源经济属性的需要，水源地资源使用和利益分配的优先权在法律制度构建过程中应得到充分体现。其二，坚持水源地适度政策倾斜原则势必增加水资源调入地区的用水成本，并在短期内对该地区经济发展产生一定程度的影响。但是，历史经验表明，几乎任何一次资源使用成本的增加都将引起资源利用技术革命。向水源地进行政策倾斜，从长期来看势必促使下游地区革新用水技术，改变用水习惯，提升水资源利用效率，进而契合水资源优化政策制定和实施的初衷。其三，从实践角度分析，我国广泛存在水资源富集程度与经济发展水平之间错位的现象，或者说是"水源地贫困"现象：一方面，我国各主要大江大河的下游往往为经济发达地区，但其水资源禀赋条件一般较差，需要从流域上游水源地大量调水才能勉强满足自身的生产和生活用水需求；另一方面，很多水源地虽然具有资源禀赋优势，但经济发展程度却较为滞后。在水资源优化法律体系构建过程中坚持水源地优先原则，可以促使水源地转变生产及生活方式，拓宽经济收入渠道，实现上下游跨区域优势互补，进而产生经济"溢出"效应，最终实现多地区经济"共赢"。在具体操作过程中，向上游河北地区进行适当政策倾斜应当主要体现在水资源补偿价格方面。也就是说，根据水资源优化方案，逐步摒弃现有的成本加成定价方法，以京津冀地区水资源边际贡献为主要定价依据，在适度向河北省水源地进行利益倾斜前提下确定补偿价格，并在相关法律制度中进行正式明确。

最后，保证水资源优化方案得以实现的法律体系构建过程需要秉持实用主义态度。在具体操作过程中，实践尝试在某种程度上应该先于法律制度构建，并在实践尝试过程中不断对法律制度体系进行完善。先以我国现行的《水量分配暂行办法》、《取水许可与水资源费征收管理条例》和《水资源费征收使用管理办法》三部法规为基础，通过对其中某一章节甚至是某一具体条款的修订，增加地区水资源优化行为的具体规定。在此基础上对一般原则性问题加以规定，并形成更加具体和具可操作性的与水资源优化方案相互衔接的补偿法律制度安排。同时，在水资源优化方案实施过程中，考虑由现行以成本加成为主的定价模式过渡到以边际贡献为参考的定价模式，将会对相关主体经济利益产生不同程度影响，在法律制度层面设定补偿价格调整的实施"路线图"，通过"小步快跑"方式逐步、适度提高补偿价格，使之渐进性地向水资源真实价值靠拢。其间，亦可在相关法律法规或地方性文件中明确政策缓冲期之内，地方及中央财政对于补偿价格实施财政补贴的额度、比例与方式，并在缓冲期结束之后建立起以水资源最终用户为主体的水资源补偿价格转移与承接制度。

三、水资源优化的市场机制

1. 建立与完善水权交易市场的必要性

从经济学角度来看，科斯第一定理认为，如果交易费用为零，不管产权初始如何安排，当事人之间的谈判都会导致财富最大化的安排，即市场机制会自动达到帕累托最优。但在京津冀地区水资源及其相关产权市场上，水资源交易成本不可能为零，甚至在某种程度上交易成本还十分高昂。在高成本的条件下，单凭市场是不可能实现水资源的优化配置的。科斯第二定理指出，在交易费用大于零的世界里，不同的权利界定会带来不同效率的资源配置。也就是说，水权界定会影响水资源分配效率。这也就从反面验证了京津冀地区水权交易市场建立与完善的必要性。同时，也说明必须依靠三方政府的力量，为市场产生的正反馈作用"保驾护航"。

从水资源特性来看，水资源的竞用性、时空分布不均性和不确定性等在一定程度上说明了水资源是可以作为区域"经济人"的私人物品通过市场交易机制实现资源的跨区域优化配置的。此外，在水资源开发利用过程中产生的外部性和对相应公共物品（如水利开发基础设施等）的需要，并不能说明因存在某种程度上的市场失灵而否定市场机制对于水权配置的作用。市场机制存在的作用就是降低交易风险、减少交易成本并最终促成资源的优化配置。建立京津冀三省市之间的区域水权交易市场，可以利用市场机制，来缓解三省市之间的水资源分配和供需矛盾，实现京津冀地区水资源的最优配置。

从现实角度来看，截至目前，我国一共建立了1400多个集中统一的公共资源交易市场，其中省级公共资源交易市场15个，市级300多个，县级多达1100多个。当今社会是分工与合作高度结合的社会，有效利用市场的分配作用，才能够最大化社会利益。并且实践证明，那些市场体系越发达、健全的地方，公共资源的配置效率也就越高。事实说明，建立区域水权交易市场也是时代大背景下的产物，应该顺势而为。

2. 建立与完善水权交易市场应遵循的原则

从目前我国已经建立的多个公共资源交易市场来看，在现实市场交易过程中确实存在许多弊端，影响市场作用的发挥。在这个过程中，许多政府干预操作不当也为其交易市场带去了许多消极影响。因此，在建立京津冀地区水权交易市场的时候，应去粗取精、扬长避短，从已经建立的公共资源交易场所吸取经验教训，遵循以下原则：

第一，市场导向原则。市场作为一只"无形的手"，以供需为标准，以价格为信号，会对资源市场做出最直接的反应。在水权交易市场建立与完善过程中，应该以市场为导向，根据市场反馈做出决定，而不是"以人为本、暗箱操作"，这样只能导致市场信号的失灵，进而造成水资源的错配。并且，人为的暗箱操作会损害参与主体的经济利益，破坏正常竞争，导致不公平、不公正的现象泛滥。所以，必须要遵循市场分配原则，市场为主，政府为辅。

第二，"两权"分离原则。由于在商品属性上，水资源存在外部性和与公共物品的联系性，这就意味着政府在其中都扮演着必不可少的重要角色。现代企业经营管理观念要求"政企分开"和"所有权与经营权相分离"，水权交易市场也不例外，也必须做到"管办分离"。所谓"管办分离"是指，水权交易市场由政府维持正常的交易秩序，进行必要的行政监督，但不能利用行政职权人为介入市场交易活动，只对市场活动进行监管，而不过多介入具体的市场交易。

第三，统一管理原则。此原则是因为京津冀地区存在三方行政主体而设立。北京市、天津市、河北省三方作为独立的省级行政主体，各自享有平等的权利和义务，并为各自的利益主体而服务。如果没有统一管理，则会出现"各自为政"、"自谋私利"等现象的出现。统一管理要求将区域内所有水资源拥有状况、供需状况等统一进行整理，并统一发布信息，统一实行监管。从大局整体利益出发，实现区域水资源利用效率最大化和区域社会福利最大化。

第四，依法行政原则。依法行政原则既要求水资源交易主体双方按照相应的市场准则和依据进行交易活动，同时也要求监管方政府为市场交易活动制定标准的交易流程和监管事项。确保每项水资源的交易活动都"有法可依、有法必依"。

3. 建立与完善水权交易市场的基本思路

首先，实施制度创新，完善体系建设。只有明确把握大方向，才能有所建树。在水资源日益稀缺和地方水资源供需不对称的情形下，解决当前水资源问题无非是两种途径：一是"开源"，即通过区外调水、海水淡化、污水净化，即开辟新水源，形成增量共计。但是由于地域限制或技术限制，此方法往往耗费巨大的人力、物力和财力，还不能解决根本问题。二是"节流"，就是通过制度创新，进行有限水资源的优化利用，进而提高水资源的使用效率。这是一个能够从根本上解决水资源供需矛盾问题的方法。在分析京津冀地区水资源利用效率差异的基础上，可以看出在京津冀地区开展水资源交易活动，其存在巨大的市场潜力。在现实基础上，进行水资源制度的创新，激励区域水资源的协调分配和使用，是解决问题的重要途径。所以，在建立水权交易市场之前，必须首先进行制度创新，确定水权交易市场的发展"大方向"，认识和把握我国水资源交易中存在的问题和可能迎接的挑战，借鉴发达国家成熟的经验，完善体系建设，并以此为标准，不断完善水权交易市场。

其次，建立健全配套的法律法规。目前。我国已经建立的公共资源交易市场上，相关配套法律法规的缺失，阻碍着市场的进一步健康发展。因此，应吸取教训，在水权交易市场上制定明确而具体的法律法规，明确水资源交易的范围、交易的工作流程、技术标准和操作程序。具体做法包括：①制定统一的水资源交易集中管理法规，并集中体现水资源交易的具体性和可操作性，从规范水资源交易项目审批一直到最后的投诉追责等这一全过程都要有相应的法律法规，将水资源交易行为纳入法律的轨道。②"违法必究，执法必严"，必须建立相应的惩戒措施，加大对交易过程中违法行为的惩处，提高违法行为的成本，对违法者形成震慑力。

再次，建设电子平台，实现信息公开化。随着大数据时代的发展，应跟随时代的潮流，积极推进京津冀地区水资源交易的电子化平台的建设。运用电子信息，整合区际间水资源利用状况，实现区际间水资源信息共享。各级部门不管是监管还是审计都可以通过电子与网络实施全程监管。水资源交易电子化平台服务应该立足于统一数据标准、统一交易规则、统一信息发布、统一服务模式、统一监督管理的"五统一"原则，实现全主体、全业务、全流程的"三全"电子化交易。从中国电子化平台的经验来看，只有那些依托平台的科学架构设计，通过市场化运营模式，才能真正发挥交易平台的功效，实现"规则统一、服务高效、监督规范、高效运转"的目标。信息公开化服务可以实现水资源交易过程的透明化，提高水资源交易的质量和效率。并且，公开透明的信息可以扩大监督体系，使交易双方和社会媒体都可以参与水权交易市场的监管。当问题出现时，可以及时而有效地反馈出来，真正发挥监管的作用。

最后，完善监督体系，保障水权交易市场健康运行。水权交易市场是由政府出面建立，因此单纯依靠政府的力量对水权交易市场进行监督是远远不够的。必须由第三方介入，同时对市场活动和政府行为进行监督。除了公开信息发表这种监督方法，也可以成立第三方组织或团体，不定时对水权交易市场进行监督。这一第三方团体可以由交易双方主体、政府监管人员、社会舆论媒体以及水资源相关方面专家以相应比例参与。其目的就是保障水权交易市场真正做到协调京津冀三省市水资源供需矛盾，将水资源优化"理论解"付之于实践，变为"现实解"，最终实现京津冀地区资源、环境和经济的协调发展。

本章小结

　　本章从福利分析和保障机制设计两个方面探讨了京津冀地区水资源优化结果在现实层面实施的问题。水资源地区间优化的福利分析结果表明，以市场化手段为主完成的水权再分配其过程往往是帕累托改进的，而以行政化手段为主完成的水权再分配其过程可能对应的是卡尔多—希克斯改进。在保障机制设计层面，本章主要依据京津冀地区水资源优化结果从补偿机制、约束机制和市场机制三个层面设计能够促进水资源优化方案得以有效实施的保障机制，并就市场化手段实现京津冀地区水资源优化的必要性、原则和基本思路进行了分析讨论。

附 表

附表1 2003-2014年京津冀地区三次产业产值

单位：亿元

年份		2003年	2004年	2005年	2006年	2007年	2008年	2009年	2010年	2011年	2012年	2013年	2014年
第一产业总产值	北京	84.11	87.36	88.68	98.04	101.26	112.81	118.29	124.36	136.27	150.20	159.64	158.99
	天津	89.91	105.28	112.38	118.23	110.19	122.58	128.85	145.58	159.72	171.60	186.96	199.90
	河北	1064.05	1370.40	1400.00	1606.48	1804.72	2034.60	2207.34	2562.81	2905.73	3186.66	3381.98	3447.46
	京津冀	1238.07	1563.04	1601.06	1822.75	2016.17	2269.99	2454.48	2832.75	3201.72	3508.46	3728.58	3806.35
第二产业总产值	北京	1487.15	1853.58	2026.51	2191.43	2509.40	2693.15	2855.55	3388.38	3752.48	4059.27	4352.30	4544.80
	天津	1337.31	1685.93	2135.07	2488.29	2892.53	3821.07	3987.84	4840.23	5928.32	6663.82	7276.68	7731.85
	河北	3417.56	4301.73	5271.57	6115.01	7241.80	8777.42	8959.83	10707.68	13126.86	14003.57	14762.10	15912.85
	京津冀	6242.02	7841.24	9433.15	10794.73	12643.73	15291.64	15803.22	18936.29	22807.66	24726.66	26391.08	28189.50
第三产业总产值	北京	3435.95	4092.27	4854.33	5580.81	6742.66	7682.07	9179.19	10600.84	12363.18	13669.93	14986.43	16627.04
	天津	1150.81	1319.76	1658.19	1752.63	2047.68	2410.73	3405.16	4238.65	5219.24	6058.46	6905.03	7795.18
	河北	2439.68	2805.47	3340.64	3938.94	4662.98	5376.59	6068.31	7123.77	8483.17	9384.78	10038.89	10960.84
	京津冀	7026.44	8217.50	9853.16	11272.38	13453.32	15469.39	18652.66	21963.26	26065.59	29113.17	31930.35	35383.06
地区生产总值	北京	5007.21	6033.21	6969.52	8117.78	9846.81	11115.00	12153.03	14113.58	16251.93	17879.40	19800.81	21330.83
	天津	2578.03	3110.97	3905.64	4462.74	5252.76	6719.01	7521.85	9224.46	11307.28	12893.88	14442.01	15726.93
	河北	6921.29	8477.63	10012.11	11467.60	13607.32	16011.97	17235.48	20394.26	24515.76	26575.01	28442.95	29421.15
	京津冀	14506.53	17621.81	20887.27	24048.12	28706.89	33845.98	36910.36	43732.30	52074.97	57348.29	62685.77	66478.91

附表 2　2000－2014 年京津冀地区供水情况

单位：亿立方米

年份	地表水				地下水				供水总量			
	北京	天津	河北	京津冀	北京	天津	河北	京津冀	北京	天津	河北	京津冀
2000 年	13.30	14.40	44.60	72.30	27.20	8.20	164.90	200.30	40.40	22.60	210.50	273.50
2001 年	11.70	11.20	39.00	61.90	27.20	8.00	169.80	205.00	38.90	19.10	209.60	267.60
2002 年	9.65	11.74	38.83	60.22	24.24	8.22	170.04	202.50	34.62	19.96	209.74	264.32
2003 年	8.34	13.37	33.35	55.06	25.42	7.14	164.32	196.88	35.00	20.53	198.15	253.68
2004 年	5.71	14.89	37.60	58.20	26.79	7.07	157.75	191.61	34.55	22.06	195.90	252.51
2005 年	7.00	16.01	38.50	61.51	24.90	6.98	162.78	194.66	34.50	23.10	198.16	255.76
2006 年	6.35	16.10	38.70	61.15	24.34	6.76	164.64	195.74	34.30	22.96	201.42	258.68
2007 年	5.67	16.46	38.90	61.03	24.19	6.81	163.08	194.08	34.81	23.37	202.50	260.68
2008 年	5.84	15.96	37.79	59.59	22.94	6.25	156.17	185.36	35.80	22.23	198.18	256.21
2009 年	7.20	17.21	37.46	61.87	21.80	6.01	154.64	182.45	35.50	23.37	190.98	249.85
2010 年	7.21	16.17	36.14	59.52	21.19	5.87	155.98	183.04	35.20	22.49	193.68	251.37
2011 年	8.06	16.76	38.49	63.31	20.90	5.82	154.85	181.57	35.96	23.09	195.99	255.04
2012 年	7.97	16.00	41.28	65.25	20.38	5.48	151.25	177.11	35.88	23.13	195.31	254.32
2013 年	8.31	16.23	43.13	67.67	20.04	5.69	144.57	170.30	36.38	23.76	191.29	251.43
2014 年	9.29	15.94	46.79	72.02	19.56	5.34	142.07	166.97	37.49	24.09	192.82	254.40

基于地区与产业双重维度的京津冀区域水资源优化研究

单位：亿立方米

附表3 2004－2014年京津冀地区水资源使用情况

年份		2004年	2005年	2006年	2007年	2008年	2009年	2010年	2011年	2012年	2013年	2014年
农业用水	北京	12.97	12.67	12.05	11.73	11.35	11.38	10.83	10.20	9.31	9.09	8.18
	天津	11.98	13.59	13.43	13.84	12.99	12.84	10.97	11.55	11.70	12.44	11.66
	河北	147.07	150.22	152.57	151.59	143.23	143.91	143.77	140.49	142.94	137.64	139.17
	京津冀	172.02	176.48	178.05	177.16	167.57	168.13	165.57	162.24	163.95	159.17	159.01
工业用水	北京	7.65	6.80	6.20	5.75	5.20	5.20	5.06	5.01	4.89	5.12	5.09
	天津	5.07	4.51	4.43	4.20	3.81	4.35	4.83	5.00	5.09	5.37	5.36
	河北	25.18	25.66	26.22	24.97	25.22	23.71	23.06	25.71	25.23	25.23	24.48
	京津冀	37.90	36.97	36.85	34.92	34.23	33.26	32.95	35.72	35.21	35.72	34.93
生活用水	北京	12.91	13.93	14.43	14.60	15.33	15.33	15.30	16.28	16.01	16.25	16.98
	天津	4.53	4.54	4.61	4.82	4.88	5.09	5.48	5.41	4.98	5.05	5.00
	河北	21.58	23.68	24.05	23.91	23.39	23.39	23.98	26.06	23.36	23.77	24.11
	京津冀	39.02	42.15	43.09	43.33	43.60	43.81	44.76	47.75	44.35	45.07	46.09
生态用水	北京	1.00	1.10	1.62	2.72	3.20	3.60	3.97	4.47	5.67	5.92	7.25
	天津	0.48	0.45	0.49	0.51	0.65	1.09	1.22	1.13	1.36	0.90	2.07
	河北	2.00	2.20	1.16	2.03	3.18	2.70	2.87	3.58	3.79	4.65	5.06
	京津冀	3.48	3.75	3.27	5.26	7.03	7.39	8.06	9.18	10.82	11.47	14.38
用水总量	北京	34.55	34.50	34.30	34.81	35.08	35.50	35.20	35.96	35.88	36.38	37.49
	天津	22.06	23.09	22.96	23.37	22.33	23.37	22.49	23.09	23.13	23.76	24.09
	河北	195.90	201.78	204.00	202.50	195.02	193.72	193.68	195.97	195.33	191.29	192.82
	京津冀	252.51	259.37	261.26	260.68	252.43	252.59	251.37	255.02	254.34	251.43	254.4

附表4　2004～2014年京津冀地区废水排放情况　　　　　　单位：万吨

指标 地区 年份	工业废水排放量				生活污水排放量			
	北京	天津	河北	京津冀	北京	天津	河北	京津冀
2004	12617	22628	127386	162631	85446	26043	79350	190839
2005	12813	30081	124533	167427	88196	30280	83991	202467
2006	10170	22978	130340	163488	94824	35909	91922	222655
2007	9134	21444	123537	154115	98682	35483	99377	233542
2008	8367	20433	121172	149972	104892	40796	113525	259213
2009	8713	19441	110058	138212	132100	40206	134931	307237
2010	8198	19680	114232	142110	128217	48516	148311	325044
2011	8633	19795	118505	146933	136741	47322	159969	344032
2012	9190	19117	122645	150952	130985	63651	183043	377679
2013	9486	18692	109876	138054	134991	65469	200953	401413
2014	9174	19011	108562	136747	141374	70303	201162	412839

附表5　中国31个省、自治区、直辖市生产总值（2005～2009年）（1）

单位：亿元

年份 地区	2005	2006	2007	2008	2009
北　京	6969.52	8117.78	9846.81	11115.00	12153.03
天　津	3905.64	4462.74	5252.76	6719.01	7521.85
河　北	10012.11	11467.60	13607.32	16011.97	17235.48
山　西	4230.53	4878.61	6024.45	7315.40	7358.31
内蒙古	3905.03	4944.25	6423.18	8496.20	9740.25
辽　宁	8047.26	9304.52	11164.30	13668.58	15212.49
吉　林	3620.27	4275.12	5284.69	6426.10	7278.75
黑龙江	5513.70	6211.80	7104.00	8314.37	8587.00

续表

地区 \ 年份	2005	2006	2007	2008	2009
上 海	9247.66	10572.24	12494.01	14069.87	15046.45
江 苏	18598.69	21742.05	26018.48	30981.98	34457.30
浙 江	13417.68	15718.47	18753.73	21462.69	22990.35
安 徽	5350.17	6112.50	7360.92	8851.66	10062.82
福 建	6554.69	7583.85	9248.53	10823.01	12236.53
江 西	4056.76	4820.53	5800.25	6971.05	7655.18
山 东	18366.87	21900.19	25776.91	30933.28	33896.65
河 南	10587.42	12362.79	15012.46	18018.53	19480.46
湖 北	6590.19	7617.47	9333.40	11328.92	12961.10
湖 南	6596.10	7688.67	9439.60	11555.00	13059.69
广 东	22557.37	26587.76	31777.01	36796.71	39482.56
广 西	3984.10	4746.16	5823.41	7021.00	7759.16
海 南	897.99	1044.91	1254.17	1503.06	1654.21
重 庆	3467.72	3907.23	4676.13	5793.66	6530.01
四 川	7385.10	8690.24	10562.39	12601.23	14151.28
贵 州	2005.42	2338.98	2884.11	3561.56	3912.68
云 南	3461.73	3988.14	4772.52	5692.12	6169.75
西 藏	248.80	290.76	341.43	394.85	441.36
陕 西	3933.72	4743.61	5757.29	7314.58	8169.80
甘 肃	1933.98	2276.70	2702.40	3166.82	3387.56
青 海	543.32	648.50	797.35	1018.62	1081.27
宁 夏	612.61	725.90	919.11	1203.92	1353.31
新 疆	2604.19	3045.26	3523.16	4183.21	4277.05
全国	199206.34	232815.33	279736.28	333313.96	365303.69

附表 5 中国 31 个省、自治区、直辖市生产总值（2010～2014 年）（2）

单位：亿元

年份 地区	2010	2011	2012	2013	2014
北 京	14113.58	16251.93	17879.40	19500.56	21330.83
天 津	9224.46	11307.28	12893.88	14370.16	15726.93
河 北	20394.26	24515.76	26575.01	28301.41	29412.15
山 西	9200.86	11237.55	12112.83	12602.24	12761.49
内蒙古	11672.00	14359.88	15880.58	16832.38	17770.19
辽 宁	18457.27	22226.70	24846.43	27077.65	28626.58
吉 林	8667.58	10568.83	11939.24	12981.46	13803.14
黑龙江	10368.60	12582.00	13691.58	14382.93	15039.38
上 海	17165.98	19195.69	20181.72	21602.12	23563.7
江 苏	41425.48	49110.27	54058.22	59161.75	65088.32
浙 江	27722.31	32318.85	34665.33	37568.49	40173.03
安 徽	12359.33	15300.65	17212.05	19038.87	20848.75
福 建	14737.12	17560.18	19701.78	21759.64	24055.76
江 西	9451.26	11702.82	12948.88	14338.50	15714.63
山 东	39169.92	45361.85	50013.24	54684.33	59426.59
河 南	23092.36	26931.03	29599.31	32155.86	34938.24
湖 北	15967.61	19632.26	22250.45	24668.49	27379.22
湖 南	16037.96	19669.56	22154.23	24501.67	27037.32
广 东	46013.06	53210.28	57067.92	62163.97	67809.85
广 西	9569.85	11720.87	13035.10	14378.00	15672.89
海 南	2064.50	2522.66	2855.54	3146.46	3500.72
重 庆	7925.58	10011.37	11409.60	12656.69	14262.6
四 川	17185.48	21026.68	23872.80	26260.77	28536.66
贵 州	4602.16	5701.84	6852.20	8006.79	9266.39
云 南	7224.18	8893.12	10309.47	11720.91	12814.59
西 藏	507.46	605.83	701.03	807.67	920.83
陕 西	10123.48	12512.30	14453.68	16045.21	17689.94
甘 肃	4120.75	5020.37	5650.20	6268.01	6836.82
青 海	1350.43	1670.44	1893.54	2101.05	2303.32
宁 夏	1689.65	2102.21	2341.29	2565.06	2752.1
新 疆	5437.47	6610.05	7505.31	8360.24	9273.46
全 国	437041.99	521441.11	576551.845	630009.34	684336.42

附表6　中国31个省、自治区、直辖市粮食产量（2005～2009年）（1）

单位：万吨

地区＼年份	2005	2006	2007	2008	2009
北　京	94.93	109.17	102.07	125.45	124.77
天　津	137.50	143.52	147.15	148.93	156.29
河　北	2598.58	2702.80	2841.55	2905.81	2910.17
山　西	978.00	1073.33	1007.05	1028.00	942.00
内蒙古	1662.15	1704.94	1810.69	2131.30	1981.70
辽　宁	1745.80	1725.00	1835.00	1860.30	1591.00
吉　林	2581.21	2720.00	2453.78	2840.00	2460.00
黑龙江	3092.00	3346.40	3462.94	4225.00	4353.01
上　海	105.36	111.30	109.20	115.67	121.68
江　苏	2834.59	3041.44	3132.24	3175.49	3230.10
浙　江	814.70	883.99	728.64	775.55	789.15
安　徽	2605.30	2860.70	2901.40	3023.30	3069.87
福　建	715.18	701.53	635.06	652.33	666.86
江　西	1757.00	1854.50	1904.00	1958.10	2002.56
山　东	3917.38	4048.77	4148.76	4260.50	4316.30
河　南	4582.00	5010.00	5245.22	5365.48	5389.00
湖　北	2177.38	2210.14	2185.44	2227.23	2309.10
湖　南	2678.60	2706.20	2692.20	2805.00	2902.70
广　东	1394.97	1387.60	1284.70	1243.44	1314.50
广　西	1487.30	1463.20	1396.60	1394.70	1463.20
海　南	153.00	185.61	177.50	183.48	187.60
重　庆	1168.21	910.50	1088.00	1153.20	1137.20
四　川	3211.10	2893.40	3027.00	3140.00	3194.60
贵　州	1152.06	1122.78	1100.86	1158.00	1168.27
云　南	1514.93	1542.21	1460.71	1518.59	1576.92
西　藏	93.40	92.37	93.86	95.03	90.53
陕　西	1043.00	1087.00	1067.91	1111.00	1131.40
甘　肃	836.89	808.05	824.00	888.50	906.20
青　海	93.26	88.30	106.18	101.80	102.69
宁　夏	299.81	310.94	323.52	329.24	340.70
新　疆	876.60	902.20	867.04	930.50	1152.00
全　国	48402.19	49747.89	50160.28	52870.92	53082.08

附表 6 中国 31 个省、自治区、直辖市粮食产量（2010～2014 年）（2）

单位：万吨

年份 地区	2010	2011	2012	2013	2014
北 京	115.68	121.77	113.77	96.13	63.90
天 津	159.74	161.83	161.76	174.71	176.00
河 北	2975.90	3172.60	3246.60	3364.99	3360.20
山 西	1085.10	1193.00	1274.10	1312.80	1330.80
内蒙古	2158.20	2387.51	2528.50	2773.00	2753.00
辽 宁	1765.40	2035.50	2070.50	2195.60	1753.90
吉 林	2842.50	3171.01	3343.00	3551.02	3532.80
黑龙江	5012.80	5570.60	5761.49	6004.07	6242.20
上 海	118.40	121.95	122.39	114.15	112.50
江 苏	3235.10	3307.76	3372.48	3422.99	3490.60
浙 江	770.67	781.60	769.80	733.95	757.40
安 徽	3080.49	3135.50	3289.10	3279.60	3415.80
福 建	661.89	672.80	659.30	664.36	667.00
江 西	1954.69	2052.79	2084.80	2116.10	2143.50
山 东	4335.68	4426.29	4511.40	4528.20	4596.60
河 南	5437.09	5542.50	5638.60	5713.69	5772.30
湖 北	2315.80	2388.53	2441.81	2501.30	2584.20
湖 南	2847.49	2939.35	3006.50	2925.74	3001.30
广 东	1316.49	1360.95	1396.33	1315.90	1357.30
广 西	1412.32	1429.93	1484.90	1521.80	1534.40
海 南	180.38	188.04	199.50	190.90	186.60
重 庆	1156.10	1126.90	1138.54	1148.13	1144.50
四 川	3222.90	3291.60	3315.00	3387.10	3374.90
贵 州	1112.30	876.90	1079.50	1029.99	1138.50
云 南	1531.00	1673.60	1749.10	1824.00	1860.70
西 藏	91.20	93.73	94.89	96.15	98.00
陕 西	1164.90	1194.70	1245.10	1215.80	1197.80
甘 肃	958.30	1014.60	1109.70	1138.90	1158.70
青 海	102.00	103.36	101.50	102.37	104.80
宁 夏	356.50	358.95	375.00	373.40	377.90
新 疆	1170.70	1224.70	1273.00	1377.00	1414.50
全 国	54647.71	57120.85	58957.97	60193.84	60702.60

参考文献

[1] Aaron C. , R. Simpson, Holger R. Maier, et al. Application of two ant colony aptimization algorithms to water distribution system optimization [J]. Mathematical and Computer Modelling, 2006, 44 (5): 451 –468.

[2] Afzal J. , H. Noble. Optimization model for alter – native use of different quality irrigation waters [J]. Journal of Irrigation and Drainage Engineering, 1992, 118 (2): 218 –228.

[3] Ahmed A. , K. Sarma. Genetic algorithm for optimal operating policy of a multipurpose reservoir [J]. Water Resources Management, 2005, 19 (2): 145 –161.

[4] Alva – Argáez A. , C. Kokossis, R. Smith. Wastewater minimisation of industrial systems using an integrated approach [J]. Computers & Chemical Engineering, 1998, 22 (7): 741 –744.

[5] Arnell N. W.. Climate change and global water resources: SRES emissions and socio – economic scenarios [J]. Global Environmental Change, 2004, 14 (1): 31 –52.

[6] Baur P.. Water and the mining industry [J]. Water & Wastewater International, 1998, 13 (5): 38 –40.

[7] Bjornlund H. , J. McKay. Elements of an institutional framework for the management of water for poverty reduction in developing countries [M]. New York: Springer US, 2003: 87 –110.

［8］ Cai X. , C. McKinney, S. Lasdon. Solving nonlinear water management models using a combined genetic algorithm and linear programming approach ［J］. Advances in Water Resources, 2001, 24 （6）: 667 – 676.

［9］ Chaturvedi C. . Sustainable development of India's waters – some policy issues ［J］. Water Policy, 2001, 3 （4）: 297 – 320.

［10］ Colorni A. , M. Dorigo, V. Maniezzo. The ant system: Optimization by a colony of cooperating, agents ［J］. IEEE Trans. on Systems, 1996, 26 （1）: 1 – 13.

［11］ Davies R. , P. Simonovic. Global water resources modeling with an integrated model of the social – economic – environmental system ［J］. Advances in Water Resources, 2011, 34 （6）: 684 – 700.

［12］ Dijk A. , E. Beck, S. Crosbie. The millennium drought in southeast Australia （2001 – 2009）: Natural and human causes and implications for water resources, ecosystems, economy, and society ［J］. Water Resources Research, 2013, 49 （2）: 1040 – 1057.

［13］ Elizabeth M. , D. Lee, N. Richard. Achieving efficiency and equity in irrigation management: An optimization model of the El angel watershed, carchi, ecuador ［J］. Agricultural Systems, 2003, 77 （1）: 1 – 22.

［14］ Fujiwara O. , W. Puangmaha, K. Hanaki. River basin water quality management in stochastic environment ［J］. Journal of Environmental Engineering, 1988, 114 （4）: 864 – 877.

［15］ Genxu W. , C. Guodong. Water resource development and its influence on the environment in arid areas of China – the case of the Hei River basin ［J］. Journal of Arid Environments, 1999, 43 （2）: 121 – 131.

［16］ Genxu W. , C. Guodong. Water resource development and its influence on the environment in arid areas of China: The case of the Hei river basin ［J］. Journal of Arid Environments, 1999, 43 （2）: 121 – 131.

［17］ Gleick H. . Water in crisis: A guide to the world's fresh water resources

[M]. Oxford University Press, Inc. , 1993.

[18] Higgins A. , A. Archer, S. Hajkowicz. A stochastic non – linear program-ming model for a multi – period water resource allocation with multiple objectives [J]. Water Resources Management, 2008, 22 (10): 1445 – 1460.

[19] Huang L. . Analysis on systematic water scarcity based on establishment of water scarcity classification system [J]. Meteorological and Environmental Research, 2011, 2 (7) .

[20] Jairaj G. , S. Vedula. Multireservoir system optimization using fuzzy mathe-matical programming [J]. Water Resources Management, 2000, 14 (6): 457 – 472.

[21] Jia S. , F. Zhang, H. Yang. Relation of industrial water use and economic development: Water use kuznets curve [J]. Journal of Natural Resources, 2004, 19 (3): 179 – 284.

[22] Jia S. , H. Yang, S. Zhang. Industrial water use Kuznets curve: Evidence from industrialized countries and implications for developing countries [J]. Journal of Water Resources Planning and Management, 2006, 132 (3): 183 – 191.

[23] Jorion P. . Value at risk: The new benchmark for managing financial risk [M]. New York: McGraw – Hill, 2007.

[24] Juan R. , R. Jose, Miguel Alcaide, et al. Optimization modelforwater allo-cation in deficit irrigation system: Description of themodel [J]. Agricultural Water Management, 2001, 48 (2): 103 – 116.

[25] J. Guan, M. Aral. Genetic algorithm for constrained optimization models and its application in groundwater resources management [J]. Internation Journal of Sustain-able Development, 2008 (1): 64 – 72.

[26] Karr R. . Biological integrity: A long – neglected aspect of water resource management [J]. Ecological Applications, 1991, 1 (1): 66 – 84.

[27] Kuby J. , F. Faqan, S. Revelle. A multi – objective optimization model for dam removal: An example trading off salmon passage with hydropower and water storage

in the willamette basin [J]. Advances in Water Resources, 2005, 28 (8): 845 – 855.

[28] Kumar R. , D. Singh, D. Sharma. Water resources of India [J]. Current Science, 2005, 89 (5): 794 – 811.

[29] Li F. , X. Pomponio, Q. Liu. The basin water resources management system and its innovation in China [J]. Sciences in Cold and Arid Regions, 2008 (1): 105 – 114.

[30] Maass A. , M. Hufschmidt, R. Dorfman. Design of water resource management [M]. Cambridge: Harvard University Press, 1962: 1 – 8.

[31] Mahjouri N. , M. Ardestani. A game theoretic approach for inter – basin water resources allocation considering the water quality issues [J]. Environmental Monitoring and Assessment, 2010, 167 (1): 527 – 544.

[32] Maier R. , C. Dandy. Neural networks for the prediction and forecasting of water resources variables: A review of modeling issues and applications [J]. Environmental Modeling & Software, 2000, 15 (1): 101 – 124.

[33] Mall K. , A. Gupta, R. Singh. Water resources and climate change: An Indian perspective [J]. Current Science, 2006, 90 (12): 1610 – 1626.

[34] Morshed J. , Kaluarachi J. . Enhancements to genetic algorithm for optimization ground water management [J]. Journal of Hydrological Engineering, 2000 (1): 67 – 73.

[35] Pearson D. , D. Walsh. The derivation and use of control curves for the regional allocation of water resources [J]. Optimal Allocation of Water Resources, 1982 (135) .

[36] Rajaram T. , A. Das. Water pollution by industrial effluents in India: Discharge scenarios and case for participatory ecosystem specific local regulation [J]. Futures, 2008, 40 (1): 56 – 69.

[37] Renzetti S. . Estimating the structure of industrial water demands: The case of Canadian manufacturing [J]. Land Economics, 1992: 396 – 404.

［38］Reynaud A.. An econometric estimation of industrial water demand in France ［J］. Environmental and Resource Economics, 2003, 25 （2）: 213 – 232.

［39］Romijn E. , M. Tamiga. Multi – objective optimal allocation of water resources ［J］. Journal of Water Resources Planning and Management, ASCE, 1982, 108 （1）: 133 – 143.

［40］Shao W. , D. Yang, H. Hu. Water resources allocation considering the water use flexible limit to water shortage: A case study in the yellow river basin of china ［J］. Water Resources Management, 2009, 23 （5）: 869 – 880.

［41］Wang F. , D. Cheng, Y. Gao. Optimal water resource allocation in arid and semi – arid areas ［J］. Water Resources Management, 2008, 22 （2）: 239 – 258.

［42］Wang L. , L. MacLean, J. Adams. Water resources management in Beijing using economic input – output modeling ［J］. Canadian Journal of Civil Engineering, 2005, 32 （4）: 753 – 764.

［43］Wei S.. Estimating water deficit and its uncertainties in water – scarce area using integrated modeling approach ［J］. Water Science and Engineering, 2012, 5 （4）: 450 – 463.

［44］Yi L. , W. Jiao, X. Chen. An overview of reclaimed water reuse in China ［J］. Journal of Environmental Sciences, 2011, 23 （10）: 1585 – 1593.

［45］Yun Y. , Z. Zou, H. Wang. A regression model based on the compositional data of Beijing's water consumed structure and industrial structure ［J］. Systems Engineering, 2008, 28 （4）: 10 – 11.

［46］白继中, 师彪, 冯民权等. 自适应人工蚁群算法在水资源优化配置中的应用 ［J］. 沈阳农业大学学报, 2011 （4）: 454 – 459.

［47］鲍超, 方创琳. 内陆河流域用水结构与产业结构双向优化仿真模型及应用 ［J］. 中国沙漠, 2006 （6）: 1033 – 1040.

［48］蔡继, 董增川, 陈康宁. 产业结构调整与水资源可持续利用的耦合性分析 ［J］. 水利经济, 2007 （5）: 43 – 45 + 77.

［49］柴方营，李友华．两个非耗费性水资源产权及其交易案例的博弈分析 ［J］．农业技术经济，2004（2）：43－46.

［50］常福宣，张洲英，陈进．适合长江流域的水资源合理配置模型研究 ［J］．人民长江，2010（7）：5－9.

［51］陈鹏飞，顾世祥，谢波，周云，浦承松，魏敏，张自宽．分解协调技术在水资源大系统优化配置中的应用 ［J］．中国农村水利水电，2006（11）：44－47.

［52］陈素景，孙根年，韩亚芬，李琦．中国省际经济发展与水资源利用效率分析 ［J］．统计与决策，2007（22）：65－67.

［53］陈雯，王湘萍．我国工业行业的技术进步、结构变迁与水资源消耗——基于 LMDI 方法的实证分析 ［J］．湖南大学学报（社会科学版），2011（2）：68－72.

［54］陈妍彦，张玲玲．水资源约束下的区域产业结构优化研究 ［J］．水资源与水工程学报，2014（6）：50－55＋60.

［55］陈艳萍，吴凤平，周晔．流域初始水权分配中强弱势群体间的演化博弈分析 ［J］．软科学，2011（7）：11－15.

［56］陈志辉，范鹏飞，赵春燕．疏勒河中游水资源利用方案优化 ［J］．水文地质工程地质，2002（2）：34－37.

［57］陈祖海，曹明宏，李国英，徐文兴．论我国水资源产权制度及其创新 ［J］．华中农业大学学报（社会科学版），2001（3）：1－3.

［58］程玲俐．水资源价值补偿理论与川西民族地区可持续发展 ［J］．西南民族大学学报（人文社科版），2004（6）：22－26.

［59］崔志清，董增川．基于水资源约束的产业结构调整模型研究 ［J］．南水北调与水利科技，2008（2）：60－63.

［60］党耀国，刘思峰，王庆丰．区域产业结构优化理论与实践 ［M］．北京：科学出版社，2011：69－70.

［61］邓朝晖，刘洋，薛惠锋．基于 VAR 模型的水资源利用与经济增长动态关系研究 ［J］．中国人口·资源与环境，2012（6）：128－135.

［62］丁超.支撑西北干旱地区经济可持续发展的水资源承载力评价与模拟研究［D］.西安建筑科技大学博士学位论文，2013.

［63］丁文广，卜红梅.产业结构调整对石羊河流域水资源可持续利用的影响——以民勤县为例［J］.干旱区资源与环境，2008（11）：19－23.

［64］董贵明，束龙仓，陈南祥，田娟.南水北调中线河南受水区水资源优化配置研究［J］.工程勘察，2007（4）：18－22.

［65］窦燕.乌鲁木齐市各区县水资源利用效率研究［J］.干旱区资源与环境，2014（10）：164－168.

［66］杜长胜，徐建新，杜芙蓉等.大系统多目标理论在引黄灌区水资源配置中的应用［J］.灌溉排水学报，2007，26（4）：89－90.

［67］杜鹏.宁夏经济空间结构与用水空间结构耦合关系研究［D］.西北师范大学硕士学位论文，2005.

［68］凡炳文，陈文.甘肃省农业用水效率控制红线研究［J］.干旱地区农业研究，2012（3）：101－106＋113.

［69］方子杰，柯胜绍.对坚持"空间均衡"破解水资源短缺问题的思考［J］.中国水利，2015（12）：21－24.

［70］封志明，刘登伟.京津冀地区水资源供需平衡及其水资源承载力［J］.自然资源学报，2006（5）：689－699.

［71］付银环，郭萍，方世奇，李茉.基于两阶段随机规划方法的灌区水资源优化配置［J］.农业工程学报，2014（5）：73－81.

［72］盖美，车齐，葛华.水资源短缺对大连城市产业结构的影响［J］.辽宁师范大学学报（自然科学版），2007（2）：226－228.

［73］高波，徐建新，班培莉.基于模糊优选模型的水资源配置方案评价［J］.灌溉排水学报，2008（6）：58－60.

［74］高雄，王红瑞，高媛媛，许新宜.基于迭代修正的水资源利用效率评价模型及其应用［J］.水利学报，2013（4）：478－488.

［75］高媛媛，许新宜，王红瑞，高雄，殷小琳.中国水资源利用效率评估

模型构建及应用［J］.系统工程理论与实践，2013（3）：776－784.

［76］葛通达.盐城市水资源利用驱动因素及产业结构优化分析［D］.扬州大学硕士学位论文，2014.

［77］葛通达.盐城市水资源利用驱动因素及产业结构优化分析［D］.扬州大学硕士学位论文，2014.

［78］顾文权，邵东国，黄显峰等.水资源优化配置多目标风险分析方法研究［J］.水利学报，2008（3）：339－345.

［79］郭梅，彭晓春，滕宏林.东江流域基于水质的水资源有偿使用与生态补偿机制［J］.水资源保护，2011（3）：86－90.

［80］何俊仕，陆超，胡春媛.浑河流域水资源合理配置研究［J］.水电能源科学，2010（3）：17－19.

［81］和莹，常云昆.流域初始水权的分配［J］.西北农林科技大学学报（社会科学版），2006（3）：112－117.

［82］贺北方，周丽，马细霞等.基于遗传算法的区域水资源优化配置模型［J］.水电能源科学，2002（3）：10－12.

［83］侯景伟，孔云峰，孙九林.Pareto蚁群算法与遥感技术耦合的水资源优化配置［J］.控制理论与应用，2012（9）：1157－1162.

［84］侯景伟，孔云峰，孙九林.基于多目标鱼群－蚁群算法的水资源优化配置［J］.资源科学，2011（12）：2255－2261.

［85］黄俊铭，解建仓，张建龙.基于博弈论的水资源保护补偿机制研究［J］.西北农林科技大学学报（自然科学版），2013（5）：196－200.

［86］姜莉.海河流域京津冀地区虚拟水实证研究［D］.辽宁师范大学硕士学位论文，2011.

［87］姜莉萍，赵博.动态规划在水资源配置中的应用［J］.人民黄河，2008（5）：47－48.

［88］蒋桂芹，于福亮，赵勇.区域产业结构与用水结构协调度评价与调控——以安徽省为例［J］.水利水电技术，2012（6）：8－11＋15.

［89］蒋桂芹，赵勇，于福亮．水资源与产业结构演进互动关系［J］．水电能源科学，2013（4）：139－142＋182.

［90］蒋舟文，姜志德．西北地区农业结构与资源环境协调发展水平分析［J］．华中农业大学学报（社会科学版），2008（2）：25－29.

［91］金磊，黄国和，李永平，周怀东，傅海燕，柴天．不确定条件下二阶段区间参数随机非线性水资源管理规划［J］．厦门理工学院学报，2008（1）：43－48.

［92］雷社平，解建仓，阮本清．产业结构与水资源相关分析理论及其实证［J］．运筹与管理，2004（1）：100－105.

［93］李华，徐存寿，季云．关于农业两部制水价制定方法的探讨——对"可持续发展条件下的农业水价制定研究"一文的不同看法［J］．水利经济，2006（3）：36－38＋67＋82.

［94］李锦秀，李翀，吴剑．水资源保护经济补偿对策探讨［J］．水利水电技术，2005（6）：22－24.

［95］李锦秀，徐嵩龄．流域水污染经济损失计量模型［J］．水利学报，2003（10）：68－74.

［96］李克国．水资源补偿政策刍议［J］．水资源保护，2003（2）：6－7＋34.

［97］李秀明，何俊仕，汪洋，赵鹏，石浥尘．大凌河流域初始水权分配方法比较分析［J］．干旱区资源与环境，2010（1）：122－125.

［98］李雪松．水资源资产化与产权化及初始水权界定问题研究［J］．江西社会科学，2006（2）：150－155.

［99］李志敏，廖虎昌．中国31省市2010年水资源投入产出分析［J］．资源科学，2012（12）：2274－2281.

［100］李周．中国农村发展研究报告［M］．北京：社会科学文献出版社，2008，2（6）.

［101］廖虎昌，董毅明．基于DEA和Malmquist指数的西部12省水资源利用效率研究［J］．资源科学，2011（2）：273－279.

［102］林旭，鲍淑君，雷晓辉，王浩．黄河流域初始水权分配的Pareto前沿

求解 [J]. 人民黄河, 2014 (6): 61 - 65.

[103] 刘秉镰, 杜传忠. 区域产业经济概论 [M]. 北京: 经济科学出版社, 2010: 107 - 115.

[104] 刘翀, 柏明国. 安徽省工业行业用水消耗变化分析——基于 LMDI 分解法 [J]. 资源科学, 2012 (12): 2299 - 2305.

[105] 刘春生. 南水北调工程水价的合理确定 [J]. 水科学进展, 2004 (6): 808 - 812.

[106] 刘慧敏, 周戎星, 于艳青, 金菊良. 我国区域用水结构与产业结构的协调评价 [J]. 水电能源科学, 2013 (9): 159 - 163.

[107] 刘妍, 郑丕谔, 李磊. 我国可持续发展水价制定的方法研究 [J]. 价格理论与实践, 2006 (1): 35 - 36.

[108] 刘轶芳, 刘彦兵, 黄姗姗. 产业结构与水资源消耗结构的关联关系研究 [J]. 系统工程理论与实践, 2014 (4): 861 - 869.

[109] 刘毅, 贾若祥, 侯晓丽. 中国区域水资源可持续利用评价及类型划分 [J]. 环境科学, 2005 (1): 42 - 46.

[110] 刘渝, 杜江, 张俊飚. 中国农业用水与经济增长的 Kuznets 假说及验证 [J]. 长江流域资源与环境, 2008 (4): 593 - 597.

[111] 刘渝, 王岌. 农业水资源利用效率分析——全要素水资源调整目标比率的应用 [J]. 华中农业大学学报 (社会科学版), 2012 (6): 26 - 30.

[112] 娄帅, 王慧敏, 牛文娟, 许叶军. 基于免疫遗传算法水资源配置多阶段群决策优化模型研究 [J]. 资源科学, 2013 (3): 569 - 577.

[113] 吕荣胜, 陈剑, 骆毅. 基于水资源产权的管理制度创新——天津滨海新区水资源开发利用约束机制研究 [J]. 经济学动态, 2010 (4): 77 - 80.

[114] 马海良, 黄德春, 张继国, 田泽. 中国近年来水资源利用效率的省际差异: 技术进步还是技术效率 [J]. 资源科学, 2012 (5): 794 - 801.

[115] 马培衢. 产权视角下的灌区水资源配置研究 [J]. 资源科学, 2006 (6): 33 - 38.

［116］马琼．塔里木河流域水资源产权配置的经济学分析［J］.干旱区资源与环境，2008（1）：36－39．

［117］孟祺，尹云松，孟令杰．流域初始水权分配研究进展［J］.长江流域资源与环境，2008（5）：734－739．

［118］孟小宇．渭河关中地区用水结构优化研究［D］.西安理工大学硕士学位论文，2010．

［119］南芳，李杨，孟艳玲．唐山市产业结构与水资源消耗关系研究［J］.经济研究导刊，2010（20）：45－46＋49．

［120］倪红珍，王浩，汪党献，张庆华．基于水资源绿色核算的北京市水价［J］.水利学报，2006（2）：210－217．

［121］潘丹，应瑞瑶．中国水资源与农业经济增长关系研究——基于面板VAR模型［J］.中国人口·资源与环境，2012（1）：161－166．

［122］裴丽萍．可交易水权论［J］.法学评论，2007（4）：44－54．

［123］史银军，粟晓玲，徐万林．基于水资源转化模拟的石羊河流域水资源优化配置［J］.自然资源学报，2011（8）：1423－1434．

［124］宋先松．黑河流域水资源约束下的产业结构调整研究——以张掖市为例［J］.干旱区资源与环境，2004（5）：81－84．

［125］苏龙强．福建省近10年用水结构变化及驱动力分析［J］.水资源与水工程学报，2010（1）：101－104．

［126］苏伟洲，王成璋，杜念霜．水资源与产业结构关系及产业结构调整倒逼机制研究［J］.科技进步与对策，2015（6）：80－84．

［127］孙爱军，胡永法．产业结构与水资源的相关分析与实证研究——以淮安市为例［J］.水利经济，2007（2）：8－11＋81．

［128］孙才志，谢巍，姜楠，陈丽新．我国水资源利用相对效率的时空分异与影响因素［J］.经济地理，2010（11）：1878－1884．

［129］孙才志，谢巍，邹玮．中国水资源利用效率驱动效应测度及空间驱动类型分析［J］.地理科学，2011（10）：1213－1220．

［130］孙凡，解建仓，孔珂，汪雅梅．湟水河地区水资源优化配置研究
［J］．西安理工大学学报，2007（2）：164－167.

［131］孙月峰，张胜红，王晓玲．基于混合遗传算法的区域大系统多目标水
资源优化配置模型［J］．系统工程理论与实践，2009（1）：139－144.

［132］孙志林，夏珊珊，许丹，叶桢．区域水资源的优化配置模型［J］．浙
江大学学报（工学版），2009（2）：344－348.

［133］唐德善，王霞，赵洪武等．流域水资源优化配置研究［J］．水电能
源科学，2005（3）：38－40.

［134］汪党献，王浩，倪红珍，马静．国民经济行业用水特性分析与评价
［J］．水利学报，2005（2）：167－173.

［135］王福林，吴丹．基于水资源优化配置的区域产业结构动态演化模型
［J］．软科学，2009（5）：92－96.

［136］王海政，仝允桓．可持续发展视角下的区域水资源优化配置模型
［J］．清华大学学报（自然科学版），2007（9）：1531－1536.

［137］王浩，马静，刘宇，严登华，王宇，邓伟．172项重大水利工程建设
的社会经济影响初评［J］．中国水利，2015（12）：1－4.

［138］王劲峰，刘昌明，王智勇，于静洁．水资源空间配置的边际效益均衡
模型［J］．中国科学（D辑：地球科学），2001（5）：421－427.

［139］王莉萍．西南干旱的成因与对策［J］．中国农村水利水电，2010
（8）：22－23.

［140］王璞玉，李忠勤，周平．近期新疆哈密代表性冰川变化及对水资源影
响［J］．水科学进展，2014（4）.

［141］王瑞年，董洁，付意成．龙口市农业水资源优化配置模型探讨［J］．
水电能源科学，2009（2）：36－39.

［142］王彤，夏广锋．基于水资源环境承载力约束的工业结构调整模型研
究——以辽河上游铁岭段为例［J］．四川环境，2010（6）：71－75＋80.

［143］王文科，杨泽元，程东会，王文明，杨红斌．面向生态的干旱半干旱

地区区域地下水资源评价的方法体系［J］.吉林大学学报（地球科学版），2011
（1）：159－167.

［144］王小军，蔡焕杰，张鑫，张同泽，王健，褚建华.石羊河流域初始水
权分配模型研究［J］.干旱地区农业研究，2008（2）：126－133＋149.

［145］王钰佳.可持续发展视角下水资源补偿机制研究［D］.天津商业大学
硕士学位论文，2010.

［146］王宗志，胡四一，王银堂.基于水量与水质的流域初始二维水权分配
模型［J］.水利学报，2010（5）：524－530.

［147］文琦，丁金梅.水资源胁迫下的区域产业结构优化路径与策略研
究——以榆林市为例［J］.农业现代化研究，2011（1）：91－96.

［148］吴国平，洪一平.建立水资源有偿使用机制和补偿机制的探讨［J］.中
国水利，2005（11）：8－10.

［149］吴娟，唐德善，余琳.黑河中游合理水价制定方法研究探讨［J］.中
国农村水利水电，2007（12）：112－115.

［150］吴丽，田俊峰.区域产业结构与用水协调的优化模型及评价［J］.南
水北调与水利科技，2011（4）：51－54＋72.

［151］吴佩林，谈明洪.产业结构升级与城市水资源可持续利用——以北京
市为例［J］.资源开发与市场，2009（12）：1102－1105.

［152］肖金成，李娟，戚仁广.京冀水资源补偿机制研究［J］.经济研究参
考，2009（21）：2－13.

［153］辛芳芳，梁川.基于模糊多目标线性规划的都江堰灌区水资源合理配
置［J］.中国农村水利水电，2008（4）：36－38.

［154］徐得潜，张乐英，席鹏鸽.制定合理水价的方法研究［J］.中国农村
水利水电，2006（4）：83－84＋87.

［155］徐振国，李强，杨天祥，马银辉.水资源优化配置研究现状及展望
［J］.河南水利与南水北调，2008（11）：29－31.

［156］许凤冉，陈林涛，张春玲，孙静.北京市产业结构调整与用水量关系

的研究 [J]. 中国水利水电科学研究院学报, 2005 (4): 258 - 263.

[157] Y. 巴泽尔. 产权的经济分析 [M]. 上海: 上海三联出版社, 1997: 2 - 3.

[158] 杨建梅, 杨静. 评价企业集群竞争力的 GEM 模型及其应用 [J]. 科学学与科学技术管理, 2003 (9): 23 - 26.

[159] 杨泽元, 王文科, 王雁林, 段磊. 干旱半干旱区地下水引起的表生生态效应及其评价指标体系研究 [J]. 干旱区资源与环境, 2006 (3): 105 - 111.

[160] 姚进忠, 牛最荣, 黄维东. 引大入秦工程水资源优化配置研究 [J]. 干旱区地理, 2005 (3): 295 - 299.

[161] 尹云松, 孟令杰. 基于 AHP 的流域初始水权分配方法及其应用实例 [J]. 自然资源学报, 2006 (4): 645 - 652.

[162] 尤爱华, 徐中民. 流域水资源初始产权界定初探——以黑河流域中游为例 [J]. 干旱区资源与环境, 2004 (2): 48 - 54.

[163] 于法稳. 中国粮食生产与灌溉用水脱钩关系分析 [J]. 中国农村经济, 2008 (10): 34 - 44.

[164] 袁汝华, 毛春梅, 陆桂华. 水能资源价值理论与测算方法探索 [J]. 水电能源科学, 2003 (1): 12 - 14.

[165] 云逸, 邹志红, 王惠文. 北京市用水结构与产业结构的成分数据回归分析 [J]. 系统工程, 2008 (4): 67 - 71.

[166] 曾勇, 杨志峰, 刘静玲. 一种区域水资源初始产权配置模型 [J]. 资源科学, 2005 (2): 28 - 32.

[167] 张兵兵, 沈满洪. 工业用水与工业经济增长、产业结构变化的关系 [J]. 中国人口·资源与环境, 2015 (2): 9 - 14.

[168] 张陈俊, 章恒全. 新环境库兹涅茨曲线: 工业用水与经济增长的关系 [J]. 中国人口·资源与环境, 2014 (5): 116 - 123.

[169] 张礼兵, 徐勇俊, 金菊良, 吴成国. 安徽省工业用水量变化影响因素分析 [J]. 水利学报, 2014 (7): 837 - 843.

[170] 张玲玲, 高亮. 多目标约束下区域水资源优化配置研究 [J]. 水资源

与水工程学报, 2014 (4): 16 - 19.

[171] 张平, 赵敏, 郑垂勇. 南水北调东线受水区水资源优化配置模型 [J]. 资源科学, 2006 (5): 88 - 94.

[172] 张文忠. 产业发展和规划的理论与实践 [M]. 北京: 科学出版社, 2009: 58 - 62.

[173] 张晓军, 侯汉坡, 吴雁军. 基于水资源利用的北京市第三产业结构优化研究 [J]. 北京交通大学学报 (社会科学版), 2010 (1): 19 - 23.

[174] 张晓军, 侯汉坡, 徐栓凤. 基于水资源优化配置的北京市第二产业结构调整研究 [J]. 北京工业大学学报 (社会科学版), 2009 (4): 12 - 18.

[175] 章平. 产业结构演进中的用水需求研究——以深圳为例 [J]. 技术经济, 2010 (7): 65 - 71.

[176] 赵晨, 王远, 谷学明, 赵卉卉, 吴尧萍, 朱晓东, 陆根法. 基于数据包络分析的江苏省水资源利用效率 [J]. 生态学报, 2013 (5): 1636 - 1644.

[177] 赵群芳. 探析区域水资源配置及水资源系统的和谐性 [J]. 科技资讯, 2015 (13): 106.

[178] 赵学涛, 石敏俊, 马国霞. 初始水权与内陆河流域水资源分配利益格局调整——以石羊河流域为例 [J]. 资源科学, 2008 (8): 1147 - 1154.

[179] 赵雪雁. 水资源约束下的河西走廊农业结构优化与调整研究 [J]. 干旱区资源与环境, 2005 (4): 7 - 12.

[180] 钟科元, 陈莹, 陈兴伟, 李孝成. 福建省用水结构与产业结构相关性的区域变化 [J]. 南水北调与水利科技, 2015 (3): 593 - 596 + 605.

后　　记

本书依托 2012 年教育部人文社科基金青年项目——"基于地区与产业双重维度的京津冀地区水资源优化研究"（12YJC790216），在其研究报告的基础上通过内容补充、数据更新完成。本书的出版得到了天津财经大学"优秀青年学者资助计划"的资助。

本书出版的目的是期望所关注的问题、运用的理论和方法、提出的观点和建议，能够为深化水资源优化配置领域相关研究起"抛砖引玉"的作用。同时，也期望通过本书的出版能够为创新和加强中国的水资源管理工作提供参考和借鉴。当然，由于知识和能力所限，本书中的部分内容、观点可能存在不妥之处，有待今后通过不断地充实、完善自己的学识加以完善。本书只是学术研究漫漫长路上的一级"阶梯"，寄希望若干年后回望的时候，能够留下些许印记。

本书从立题、调研到起草、完成，始终得到水利部海河水利委员会相关领导和同志的大力支持和帮助，在此向他们表示深深的谢意。此外，在相关项目研究和本书的撰写过程中，天津财经大学法律经济分析与政策评价中心主任于立教授，产业经济学学科负责人温孝卿教授，商学院院长彭正银教授，都提供了帮助和指导，在此表示深深的感谢。

本书撰写过程中，我的学生们提供了大量的帮助。天津财经大学 2014 级产业经济学专业研究生乔世环、曾玮、张英英、王俊、赵宏娜分别参与了本书第二章、第三章、第七章、第九章和第十章的撰写工作。乔世环还参与了数据搜集与更新工作，并对本书进行了初步校对。此外，2013级产业经济学专业硕士研究生刘欢在2015年研究报告形成过程中完成了大量的数据搜集、整理工作，为本书的最终出版也做出了自己的贡献。没有她们的帮助，本书的出版可能要拖很长时间。

最后，感谢经济管理出版社编辑的种种努力和辛勤工作，也期望学界专家学者对本书的不足进行批评指正。

徐志伟

2016年夏